大展好書 好書大展

大展好書 好書大展

社會人智囊

41

訪問推銷術

黃靜香／編著

大展出版社有限公司

序　言

黃靜香

我認為「推銷的秘訣」，簡言之，即以致勝為目的。一個成功的推銷員，必須勇於接受顧客的拒絕，並努力說服他們購買的慾望，即使心中受挫，也要爭取最後的勝利。尤其是在商品極難銷售出去的今天，更需講求推銷的技巧，才能成功。

——生存就是爲了挑戰

我從事這工作已有二十年的經驗，對於「人與人、人與工作」等的關係，有相當深刻的體驗，感覺人生真是何其的奧妙。我曾在人生地不熟的大城市中作過推銷的工作，每天幾乎都是戰戰兢兢的，就連現在也是如此。

我記得從小時候開始，便為了生活而賣過很多東西。例如納豆、豆腐、報紙、鮮花、腳踏車和機器零件等。透過多年的推銷經驗，我有足夠的自信說：「推銷工作必須具備旺盛的戰鬥心。」因為推銷既沒有致勝的最佳方法，也無終點，每天都是自我的挑戰。

為什麼說它是自我挑戰呢？因為現代的年輕人，大多是以追求快樂和諧的人生，並開展充實、有意義的生命為目的，故可說是為生活而自我挑戰。

各位！讓我們為創造美好的人生而共同努力奮鬥吧！

——既然努力，就必須獲勝

想要獲得勝利，首先，須存有「勝利」、「得第一名」和「絕不服輸」等基本的慾望，然後下定決心，將這決心化為「具體的目標」，付諸行動。

人的一切行動都有目標，朝著目標努力前進才能獲勝，例如，學生常會訂定考試的短程目標和畢業後的長遠目標等。推銷工作，既無考試也無畢業，想要得到成功，更應訂立目標努力不懈。

本書主要是介紹推銷「致勝的要訣與採取的行動」。

欲獲得成功，必須訂立目標，朝目標逐步邁進，才是推銷工作的基本原則。

人如果不努力，永遠也不會成功，不論時代如何的變遷，本身的才能與實力，仍是成功的基礎。物競天擇，推銷工作著重的是結果，所以，即使拼命推銷，若無斬獲仍是失敗。

我常在經營演講會或推銷研修會上鼓勵學員：「商界人士不懂得積極行動的人是笨蛋，不知運用思考的人也是。」因為一位成功的商人都是非常活躍，並能充分思考的。「努力」即比別人多花費二、三倍的行動與思考，它同時包含「量＝行動力」、「

質＝思考」兩種，缺一不可，若忽略其中之一，則徒勞無功。

要作個成功的推銷員，必須確立努力的方向和目標，朝目標勇往邁進，貫徹實行。

所謂推銷，就是人與人之間的一種關係，必須積極的採取行動，才可達到推銷的目的。行動（用脚走路）為致勝的絕對條件，因為以實際行動來表現你的細心體貼，最有助於商品的推銷。另外推銷時，必定要有顧客至上的觀念才行。

本書是希望各位也能成為頂尖推銷員的情形下所寫的，但願我的經驗，能提供站在第一線上日夜奮鬥的推銷業者參考。

目錄

第一章 成功的推銷技巧
——全心投入

第二章　達到推銷成功的各種步驟
——以熱心推銷來拓展光明前途

第三章　推銷如何獲得成功——推銷必須富有人情味

第四章　成功的推銷

——應採取人們喜歡並樂意期待的行動

第五章　連戰皆捷的秘訣——擬定致勝的計劃，全力集中目標作戰

第六章　成功推銷員的行動方針——以成為專業人才為目的

第七章 成功推銷員的人際關係

——所謂良好的人際關係，即不斷地施予對方之意

第八章　向推銷挑戰
——要有挑戰的精神才能使不可能變成可能

終章　向市場佔有率達九十%的訪問戶數挑戰
——S銀行業務員接受指導的例子

序章　無法成功的推銷員的共同毛病

——沒有目標就缺乏幹勁

1 前言——爲自己工作

我們生活於豐衣足食的現代社會中，各種民生（衣、食、住）的必需品都已相當普及；換言之，在物質充裕、商品愈來愈難銷售的現代，對於以推銷爲生的推銷員而言，工作也愈難以推展。

在如此不利的環境下，欲使銷售成功所採取的行動、想法與技巧，即爲本書所要探討的主題。

一位推銷員想在競爭激烈的市場上獲得勝利，成爲頂尖的推銷員，就必須注意以下各點：

⑴招攬顧客和掌握顧客。
⑵掌握和管理負責市場的狀況。
⑶學習商品的專業知識和相關知識。
⑷自我啓發和自我管理。
⑸達成目標。

在日常的推銷行動中，要徹底實行這五項，才能獲得成果。

雖然推銷員在實際銷售商品時，仍不離以往推銷的方法、行動與思考等範圍，但在社會日益富庶的情況下，現在的推銷員大多已失去忍耐和挑戰的精神，同時，也喪失強烈的競爭心理。

所以，應充分地掌握自己立定的目標。另外，像一週行動預定表、顧客名單、可望成交的客戶一覽表、訪問次數表，以及完成目標的實績表等必備的管理文件，都要加以確認並記錄，同時，也要時常自我反省有無遵守行動的基準。

現在推銷所採取的行動，應回歸於「原點」和「基本」的準則上，亦即不論何種行業，想要成爲頂尖的人物，就必須經常反省自己，並且不依賴他人或組織。同時，朝著目標勇往邁進，腳踏實地的苦幹，絕不鬆懈，方能獲得最後勝利。

我曾訪問過某大企業（全年營業額約一百億元左右）的董事長，當時，他送我一本有關該公司組織的書籍，其首頁即寫有如下的信條：

一、爲自己工作　Work for oneself

二、爲公司工作　Work for one's company

三、爲社會工作　Work for society

所謂成功的推銷員，即站在顧客的立場思考與行動。你可以自己測驗看看，有無序章中所列舉無法成功之推銷員的共同毛病，如果沒有，即表示你是個成功的推銷員，不必再閱讀本書。

2　沒有確定夢想、希望和目標——目標要靠自己努力追求

沒有夢想就沒有希望　沒有希望就沒有目標
沒有目標就沒有計劃　沒有計劃就沒有行動
沒有行動就沒有成果　沒有成果就沒有滿足
沒有滿足就沒有幸福　沒有幸福就沒有努力

這首詩是某建築公司管理部A經理告訴我的。該公司創業於十六年前，當時員工只有六人，現已增加爲二百四十名，包括董事長在內的所有員工，都非常勤勉的工作，故每年的營業額都超過八十億元以上。某次研修會結束後，我和A先生一起到附近的酒店喝酒，順便談到推銷的技巧。

A先生回顧自己的推銷經驗說道：

「二十年來，我一直擔任銀行業務員，現在到建築公司就是爲了接受新的挑戰；董事長是個勤勞上進的人，每天和他一起工作，可以學習到很多知識。我最大的缺點就是想法、行事過於單純與憨直，我很感謝這些年來始終支持我的長官、朋友，由於他們的幫助才有今日的成就。

我認爲推銷工作最重要的是掌握目標，詳加計劃，努力朝著目標行進。我最喜歡的一首詩是『河隄上鮮綠的青草，雖然遭受無情的踐踏而枯萎，然而，一旦獲得露水的滋潤，便再次復甦。』這正說明惟有獲得顧客和上司的支持與信賴，才能創造最佳的業績。」

假如你想成爲頂尖的推銷員，我衷心地期盼各位能向A先生學習。

成爲頂尖推銷員的要點，即必須充分掌握目標，朝著目標勇往直前，絕不鬆懈，即使沒有任何財產和地位，也絕不可喪失熱誠與幹勁。同時，每天須徹底實行如下事項：每天要拜訪五個客戶、以熱誠來銷售商品、眞心微笑地感謝對方、誠懇地稱呼對方的名字。

等到明天再進行就太遲了，讓我們就從現在開始吧！

自己不努力去追求目標，成功便無法掌握在自己手中。

3 錯誤的努力方法——努力的方針錯誤，也是徒勞無功

想要從推銷工作中獲得樂趣，首先，必須使自己成爲頂尖的推銷員。成功的推銷員，一年大約可得到二千萬元的報酬，同時，可藉由這份極富挑戰性的工作，從中尋求樂趣，過著充實而有意義的生活。

俗話說：「羅馬不是一天造成的。」當一名頂尖推銷員所要走的路，也不是一日就可到達的，必須具備不畏艱險的精神，朝著目標努力前進。在奮鬥的過程中，一面享受工作的樂趣，一面思考有效的方法。要徹底實現夢想，除靠自己的力量逐步達成外，還可借助外力迅速達到目的。後者尤其是一條通往成功的捷徑，但不論是借助何種外力，本身仍需具備必要的條件。

若缺乏這些必要的條件，仍然無法實現夢想。有些推銷員相當認眞努力，卻無法成功，這就

頂尖推銷員的成功必須藉助努力

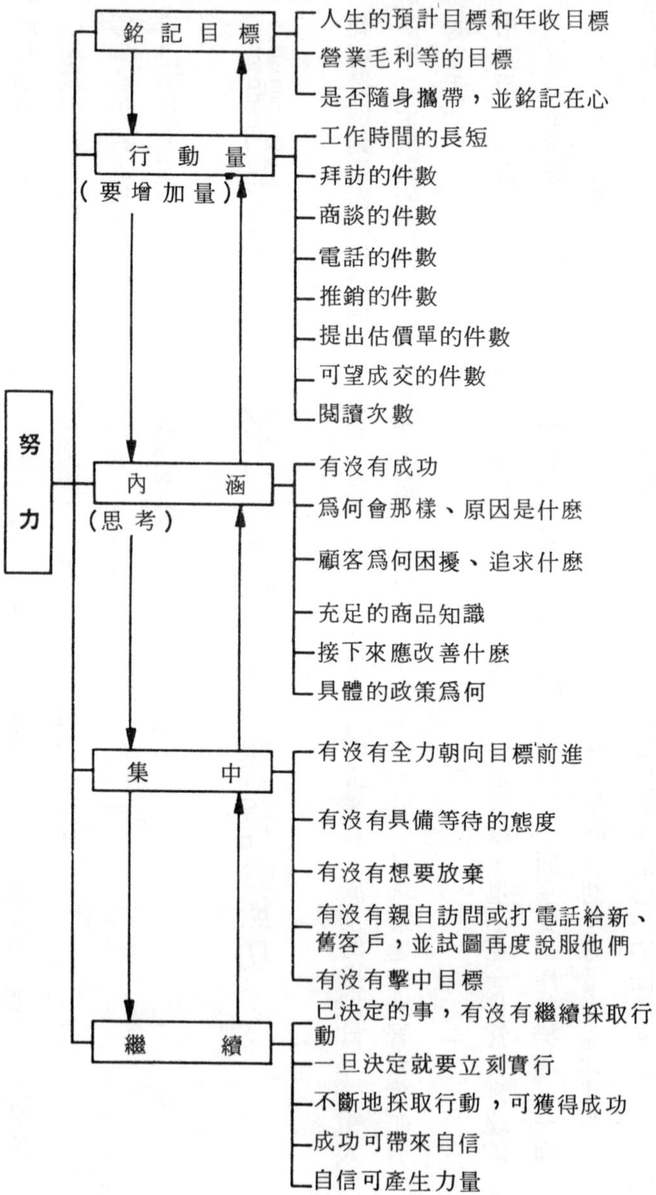
努力
銘記目標
人生的預計目標和年收目標
營業毛利等的目標
是否隨身攜帶，並銘記在心
行動量
(要增加量)
工作時間的長短
拜訪的件數
商談的件數
電話的件數
推銷的件數
提出估價單的件數
可望成交的件數
閱讀次數
內涵
(思考)
有沒有成功
爲何會那樣、原因是什麽
顧客爲何困擾、追求什麽
充足的商品知識
接下來應改善什麽
具體的政策爲何
集中
有沒有全力朝向目標前進
有沒有具備等待的態度
有沒有想要放棄
有沒有親自訪問或打電話給新、舊客戶，並試圖再度說服他們
有沒有擊中目標
繼續
已決定的事，有沒有繼續採取行動
一旦決定就要立刻實行
不斷地採取行動，可獲得成功
成功可帶來自信
自信可產生力量

表示推銷的方法與技巧錯誤，一樣會徒勞無功。

「人生不努力，就無法獲得成功」，我很喜歡這句話所傳達的眞實性。我認爲除了不斷的努力外，還要採取正確的步驟及方法，方能取得成果。請參閱左頁圖表，以便自我反省，彌補本身的不足。

4 沒有徹底的分析原因——無反省則無成功

「學習何種知識與技術，才能成爲一流的推銷員？」

「欲成爲頂尖推銷員，須思考採取何種行動？」

然而，很少有推銷員會拼命的思考和追求。

最初進入公司時，所有推銷員都接受同樣的推銷訓練和技巧，但最後每人的成就卻有極大的差距，原因何在？只要無法達到自己追求的成果，就必須徹底分析失敗的原因。

一般推銷的過程如下：

(1)自己有什麼目標——營業金額、毛利率、毛利額、市場佔有率、回收。

(2)有沒有詳加計劃，以達成目標？是否利用「什麼目標」、「什麼理由」、「什麼場所」、「什麼時間」、「誰問誰」和「什麼方法」來完成？

為了確實擬好計劃，需注意以下事項：

①目的——訂定明確的目標。

②事實——把握實際的狀況（過去、現在）。

③手段——準備方法。

④對於其中的結果加以確定。

(3)達成目標——遵循計劃行動，將行動的結果紀錄在日報表上，並加以檢討。

(4)行動產生結果——若不滿所獲得的結果，就把原訂目標和成果予以檢討比較。

(5)分析失敗的原因——原因大致可分為三類：

①自己本身的原因——意願、知識、行動力、使命感。

②市場的原因——競爭、價格。

③公司的原因——政策、商品、技術。

此外，包括自己的想法、可考證的資料和事實，均加以證實。

(6)研擬對策

依序檢討自己所採取的行動和方法。

推銷活動的週期

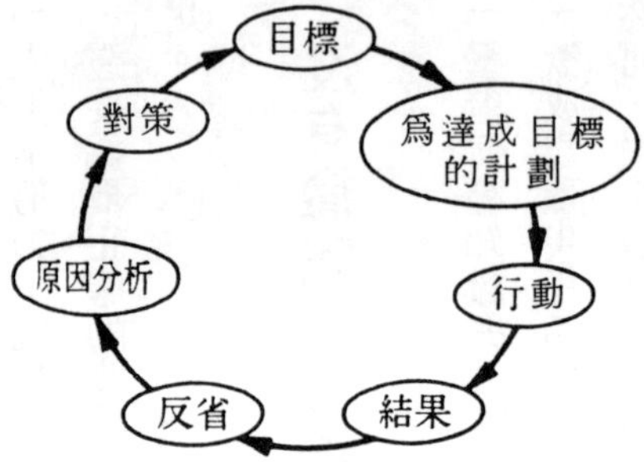

徹底反省，最後必定能成功！

5　缺乏耐心、鬥志、競爭心——只要放棄卽告失敗

要成爲頂尖推銷員，必須具備冷靜的頭腦，並擁有鬥志和耐心來追求目標。所謂冷靜的頭腦即致勝的計劃與創意；鬥志即是不服輸的精神。

頂尖推銷員和失敗的推銷員間最大的差距就是，前者即使遭遇困難及障礙，仍會不斷的追求目標；後者則一旦遇到抗拒與反對，便放棄推銷的活動。

頂尖推銷員的鬥志包括⑴想過快樂、有趣的生活⑵爲達到目的，需努力賺錢⑶在競爭場合中，絕不服輸⑷要有在公司始終維持營業額、銷售件數、契約戶數和契約件數等第一的願望。

頂尖推銷員會將生活重心擺在負責地區的新、舊客戶上，因爲客戶的需求經常變動，故不論是遭受新客戶或老客戶的拒絕，都不輕言放棄，反而更有耐心地採取行動，積極的滿足對方（新客戶和老客戶）。這在一般推銷員眼中，卻往往被視爲無意義、無價值的舉動。

我一位朋友N先生擔任某大公司經理，也主張耐性是推銷員最需具備的條件。他從一流的大學畢業後，隨即在這家公司服務。當年接受短期的職業訓練後，就被調派到外地的分公司工作，那時候分公司才剛成立，幾乎沒有往來的客戶，他奉命負責開發市場的業務。

他回憶當時的情景說：

「現在回想起我第一次當推銷員的經驗，可說是苦樂參半，但也同時從許多人那兒學到作生意及喝酒的方法。記得有一次，上司指派給我的任務是說服H造船公司購買材料。於是，我連續拜訪該公司採購課Y課長五、六次，他說：『N先生，不論你拜訪幾次都沒有用，現在提供材料的廠商已經太多了，我們正想淘汰一部份；況且你的地方口音太重，還是不要白費力氣吧！』。」

——這時我立刻插嘴問：「那你是否就這樣放棄了？」

「沒有！我仍然去拜訪他，不過心情卻糟透了，最後甚至還要求他：『Y先生，這是公司的命令，請讓我繼續訪問，我只佔用你五分鐘的時間，絕不會妨礙到你的公事。』不久之後，Y先生的職位有了調動，他在新工作崗位中不僅成爲我的客戶，而且非常照顧我，我也從他身上學到不少的事物。」

N先生的耐性與作風，頗值得我們仿效。

6 依賴他人、推卸責任和辯解——無法銷售的原因在於自己

由於工作的關係，我經常擔任大中小企業銷售員的教育工作。

年　　月　　日

推　銷　研　修　測　驗

姓名＿＿＿＿＿＿

1　請寫下公司的重要商品自己的目標和實際業績

商品名稱	價格	推銷重點	
		1）＿＿＿＿	3）＿＿＿＿
①＿＿＿＿	＿＿＿＿	2）＿＿＿＿	4）＿＿＿＿
		1）＿＿＿＿	3）＿＿＿＿
②＿＿＿＿	＿＿＿＿	2）＿＿＿＿	4）＿＿＿＿
		1）＿＿＿＿	3）＿＿＿＿
③＿＿＿＿	＿＿＿＿	2）＿＿＿＿	4）＿＿＿＿
		1）＿＿＿＿	3）＿＿＿＿
④＿＿＿＿	＿＿＿＿	2）＿＿＿＿	4）＿＿＿＿
		1）＿＿＿＿	3）＿＿＿＿
⑤＿＿＿＿	＿＿＿＿	2）＿＿＿＿	4）＿＿＿＿

2　請寫下自己的目標和實際業績

①今年（本期）的營業額目標和到上月底的達成狀況。

②今年（本期）的目標毛利額和到上月底的達成狀況。

③本月份的目標、預計的件數和金額。

3　請寫下自己日常的活動狀況

①早上上班時間＿＿＿＿＿＿　　下班時間＿＿＿＿＿＿

②外出推銷的時間＿＿＿＿＿＿　　回公司時間＿＿＿＿＿＿

③每天訪問客戶的平均件數＿＿＿＿　　商談的平均件數＿＿＿＿

4　請寫下自己所記載的管理行事（或畫「0」）

①客戶卡片　②日報表　③每週訪問預定表

④每月訪問次數表　⑤可能（訂貨、成交）的客戶一覽表（其他）＿＿＿＿＿＿＿＿

在教育研修會中，我曾直接了當地問業績不佳的推銷員：「業績不佳的原因是什麼？」不論哪一行業的推銷員，幾乎都回以同樣的答案。

(1)把競爭對象和自己公司的商品相比較，總認爲自己的商品較差、缺點較多、價格也偏高。

(2)自己負責地區的市場客戶較少。

(3)其他地區不知怎樣，但我負責的地區不太景氣。

(4)上司只會指責嘮叨，而不鼓舞我們的士氣。

(5)公司沒有明確的經營方針，只會強迫我們工作，造成士氣低落。

我聽完後便說：「原來你們只想談論這些而已，現在讓我來測驗你們。」於是就請他們塡寫簡表，但大多數人都寫不出來。

他們只會抱怨商品不佳，卻不熟知商品的價格，甚至從未仔細看過說明書，業績怎會有起色呢？對於自己商品的知識與價格認識不清，不僅無法說服客戶購買，反而會讓對方留下不可靠的印象。

任何人都可將業績不好歸咎於商品不佳、市場狹小和價格偏高等原因，但在此之前，應先作好自己份內的事，並充分認知自己的商品才對。

7 知識不足，用功不夠——廣泛的知識和修養，才是强而有力的武器

無法成功的推銷員大多是由於缺乏知識，尤其是關於商品的專業知識。前面已敍述過，導致知識貧乏的原因，即⑴不常閱讀書籍、報紙、專業雜誌、商品目錄⑵限定來往的人數，並只和他們交際⑶不參考和學習客戶、前輩們成功的經驗等等。

對於推銷員而言，豐富的知識是極爲重要的武器，因爲從知識中可獲得自信與勇氣。想成爲頂尖的推銷員，就必須了解：①公司的歷史②董事長的經歷③經營方針④商品的生產方法和原料⑤交貨期限及方法⑥服務方法⑦銷售方針與目標⑧商品的用途⑨商品規格⑩市場的動向⑪競爭對象等等。此外，還須熟知人們的心理狀況和資深推銷員的知識、經驗。

要了解人們的心理，可藉由閱讀有關心理學、推銷的書籍和歷史小說，以及聽取資深推銷員的經驗，獲得良好的效果。我常告訴立志當推銷員的朋友，有關推銷的書籍起碼要閱讀二十本以上。一般頂尖的推銷員，大多有隨身攜帶推銷書籍的習慣，以便隨時吸取別人的想法和經驗，多讀書的目的即在此。

推銷員本身具備的知識愈廣博、精深愈佳。廣博的知識即泛指待人處世的學問，必須藉著旺盛的好奇心才能獲得；至於精深的知識，即閱讀關於商品的專業知識。

一個失敗的推銷員，大多以爲擁有商品或可望成交的客戶，便具有充分的知識。殊不知在新商品層出不窮，新技術不斷問世，顧客需求也漸趨多元化、高級化的現代，若不經常學習並吸取新知識，就無法趕上時代的潮流。

K公司（專門銷售家庭機械，員工有三十名）的T先生曾說過：「我在這方面有十年的銷售經驗，對於商品已十分了解，不需再學習。只要商品一上市，廠商的推銷員就會主動告訴我，如果顧客詢問專業上的問題，我請同行的推銷員代我回答即可。再說，我每天那麼忙，怎有時間學習呢？」

我接著問他：「T先生，那你每月的營業額是多少？」

他回答：「大約一百萬元，只要保持這樣的成績，公司絕不會虧損。」

於是我告訴他：「在你這行業中，推銷員每月平均的營業額是一百四十萬元，你既然已有十年以上的資深經歷，應把目標訂在二百萬元才對。」

假如和這位T先生一樣，不再積極地學習自己銷售商品的相關知識，你的推銷生涯無疑已經結束了。

因此，必須經常採取討教的學習行動與態度才行。

8 訪問的客戶數、商談件數少——沒有計劃，行動量便不足

所謂推銷，即是以和更多人接觸，增加更多客戶爲目標。一般無法成功的推銷員，大半都有如下的情形：

(1)早上準時上班。
(2)沒有作好訪問的準備。
(3)沒有作訪問的計劃。
(4)遲遲不去訪問客戶。
(5)面談件數少。

會採取這些不當舉動的原因，大多是由於沒有作好訪問預定表和行動計劃所致。

一名優秀推銷員，事先都會仔細作好每月的行動計劃、每週的訪問預定表，與可望成交的重要客戶進行商談等；同時，隨時確認有否依照計劃行事，假如沒有，就立刻分析原因，然後在下週的訪問預定表寫上對策，以便採取行動。若工作成果比原擬的計劃更有進展，就進一步的修改目標和計劃。

反觀無法成功的推銷員，大多沒有作行動計劃與訪問預定表，一旦客戶臨時提出要求或受雜務影響，便會忙不過來。雖然異常忙碌，工作內容卻是零散而無計劃性，故無法按照預定表積極推展業務，反而易因外來的雜務而白忙一場，當然不會獲得良好的成果。

爲避免這種情況發生，應作好行動計劃和訪問預定表，並且徹底實行。即使途中突受上司的命令或客戶的委託，也要以實行自己的計劃爲第一要務。

頂尖推銷員的行動無不經過詳細的計劃，每天早上八點半或九點鐘便離開公司去拜訪客戶，

改變態度的方法

消極的	⇨	積極的
被動、消極的	⇨	主動、積極的
等待的態度	⇨	攻擊的態度
悲觀的	⇨	樂觀的
柔弱	⇨	強硬
負面的思考	⇨	正面的思考
無計劃的行動	⇨	有計劃的行動
被指示、被管理	⇨	自主的、自立的
重視工作的時間	⇨	重視目標與成果

並且事先已備好給可望成交的客戶估價單和建議資料等。

相反地，無法成功的推銷員大多沒有到公司報到，即從家裡直接去拜訪顧客，或訪問後就直接回家，在自我管理上極鬆散。

一般而言，頂尖推銷員商談的件數較多，成功率也較高，外出訪問客戶的時間也較早。這全歸因於他們能事先作好完善的工作計劃，並以積極的態度朝著目標勇往前進，貫徹到底，所以，才會和無法成功的推銷員產生成果上的差異。

9 對於負責地區挨家挨戶仔細訪問——才是訪問推銷的基礎

將市場細分化，有很多不同的看法和作法。在此我要介紹的是「把負責地區細分作成促銷的地圖」。

一位成功的推銷員，必須了解自己所負責市場的實態和交易情況，同時，也應知道當地居民的生活資料。要分析市場的方法有四：

⑴藉由公家機關發行的統計資料，得知總戶數、人口（年齡別、性別）、營業機構數和財團法人數。

⑵調閱自己公司過去和現在的資料，了解和客戶的交易狀況。

⑶藉著挨家挨戶的訪問中，判斷市場的各種情形。

⑷委託徵信社的外部機構調查。

對於推銷員而言，採取挨家挨戶式的訪問，在身心上也許會感到很痛苦，但這才是直接推銷的最基本工作。這也要視所推銷的是家庭、辦公或工廠用的商品而定。至於訪問的方法，亦是因人而異。

無法成功推銷的共同毛病就是，不能掌握自己負責市場的狀況和有關數字，並且也不了解每位客戶的情形。這是缺乏問題意識和目的意識之故，不清楚搜集、分析資料的重要性，只是拜訪當地的老客戶及易於訪問的客戶而已。

K先生目前在擔任銀行的業務員，他採取的步驟是先將負責地區細分化，再挨家挨戶拜訪，因此常獲得良好的業績。他負責的是商業、工業和一般住宅的混合區，也是金融機構競爭最激烈的地區；但他的表現絲毫不遜於其他的業務員。其實和大型的金融機構相比，不論聲譽、組織力等各方面，他的銀行都是居於劣勢；另外，關於推銷的知識、技巧和交易條件，大型銀行也較有利。

然而，為什麼他能脫穎而出呢？全在於他誠懇地挨家挨戶訪問客戶。每天早上九點到十二點，他都依照慣例去拜訪一百家客戶，到下午才進行一般的推銷活動。據說他平均每月都要訪問一位客戶五次以上，所以，和每個客戶都非常熟悉親密。

K先生即是先將市場細分化，再挨家挨戶地去拜訪顧客，終於成為頂尖的推銷員，至今他仍然非常活躍。

10 不熱心推銷，就無法判斷是否能銷售成功——只依靠目錄、說明書無法推銷成功

我在上班時，常有許多推銷員來向我推銷辦公用具、保險、證券、房屋和轎車等產品，各式各樣、應有盡有，其中還有頗為新奇的盆栽。有一次，更創下一天先後接受二十位推銷員訪問的記錄。基於自己也是從事這行業之故，便儘量和他們對應，並聽取他們的說明。

在和他們交談中，我感覺極少有人會繼續作三到五次的拜訪，他們對我的公司組織也毫不關心，可謂並不熱心去推銷自己產品及了解有關客戶的資料。

唯一例外的應算是服務於R公司，專門銷售辦公機器的A先生。他始終很有耐性地來訪問我，最初我的確不打算購置新的影印機器，但在他熱心的推銷下，終於被他說服而購買。

一個失敗的推銷員，即使擁有可望成交的新顧客，仍然無法正確地判斷成交的可能性，甚或

不知採用何種訪問的方式較佳，因而失去不少銷售的機會。

「A先生，你生意好嗎？」托你的福！我都有達到一定的營業額。說眞的，在當年物資缺乏、商品還未普及的時代，比較容易推銷；現在像影印機、個人電腦、傳眞機等，一般辦公室多已普遍使用。我冒然去拜訪客戶，很可能在可望成交的一千名客戶中，連一部機器也銷售不出去，所以，我繼續作二、三次的訪問，然後判斷成交的機率。

我是藉由問明顧客現在所用機器購買的年份、方式；或者只是租借，則契約簽訂的年限是何時等來判斷的。此外，一般推銷員很容易忽略公司結算月的情形，許多賺錢的公司或商店在結算月裡，經常會爲了減稅而購買價格較便宜的辦公用品；所以，在訪問商店或事務所等中小企業時，我都會記得詢問有關結算月的狀況，並加以紀錄。」

「你相當了不起，懂得作各種詢問，這是搜集客戶資料的最佳方法，因此，在訪問客戶前，就會先考慮要問什麼問題。」

無法成功的推銷員在拜訪顧客時，大半是說：「我把目錄留在這裡，請你看看！」、「這是我的名片，有需要服務的地方就打電話給我！」或「請撥出一點時間，讓我爲你介紹我們的產品。」等等之後便告辭離去。

其實，推銷並非只爲向客戶介紹自己的商品，而是說服顧客購買的意願，並且只有以熱心、有耐性的方式去推銷，才能使客戶產生購買的慾望。另外，像承購期究竟爲一個月、三個月、半年、一年、或三年後，也是推銷員在作判斷時，不容忽視的事。

11 自己過於約束自己——推銷即自我改造的機會

俗話說：「量的擴大會帶來質的轉變。」亦即要多嚐試新的事物。同樣地，推銷員多訪問客戶、多增加一些新客戶、多聽別人說話和多讀書等，都應在日常生活中徹底實行。

無法成功的推銷員，大多是自己過於限制本身的能力和客戶數之故。應積極地從訪問的經驗中汲取知識，如此也才能從拜訪中得到新的客戶。

現在S銀行總經理的H先生，當他還是人事部經理時，就曾要求每位推銷員需遵守如下五件事項：

(1)不斷的努力——經常去拜訪老顧客及可望成交的顧客，要有任勞任怨的精神，勿受一時的好壞評價所影響。熱中於工作，必會有所收穫。

(2)知性資料的搜集——隨著客戶逐漸的多元化與個性化，推銷員必須具備豐富的常識對應，故學習非常重要。

(3)自我管理、行動管理應科學化——常作自我檢討，採取有效的行動。

(4)擁有隨時自我分析、反省的個性和體貼、關懷之心——可與對方產生共鳴及溝通，並經常爲對方的立場設想。

(5)沒有人天生是推銷員，應將推銷視爲自我改造和性格改造的最佳機會，積極的向目標挑戰，並比別人早一步採取行動。

S銀行的營業情況相當良好，從熱絡的股票交易即可看出。社會上的評價，也一致認爲它是個勤勞、嚴謹和生產力高的組織集團。

A人壽保險公司的T先生，則說過這樣洩氣的話：「我覺得我不適合當推銷員，因爲我不太會說話，也不懂得經常保持笑容，所以，無法討好客戶，眞不想再待下去。」這樣就是限制自我的能力。

於是我將H先生的話轉述給T先生：「沒有人天生適合當推銷員。你認爲自己不會說話，那麼，只要儘量熱誠地和人交談即可；不懂得保持笑容，只要每天在鏡子前練習三十分鐘。千萬不要將自己侷限在狹窄的範圍內，要學得一種技能，至少得花費五年的時間，所以，不要急，慢慢來。」

半年後，我接到T先生的來信，他以充滿自信的口吻寫道：「我現在正朝著獲得更多客戶數的目標而努力奮鬥中。」

想成爲頂尖的推銷員，至少需投注五年的心血，在這期間，包括所有的事物（像訪問客戶數、面談件數、提出估價單的件數和電話件數等）在內，應致力量重於質較佳。

12 逃避困境——積極向厭惡的事物挑戰，才能獲得成功

每個推銷員在一生中，都有過轉捩點、障礙和情緒低落的時期。剛踏入這行業時，幾乎每個人都是志氣高昂，並且都擁有成爲頂尖推銷員的潛力。在陌生的人群中，雖然有些寂寞與不安，但常會鼓勵自己：「嗯！我要努力作個成功的推銷員。」

但一遇到各種困難和障礙，便和無法成功的資深推銷員一樣，只是和客戶漫無目的地聊天，在咖啡廳消磨時光，或者沈迷於電動玩具中。認爲僅是浪費一天、一小時左右，沒什麼關係。於是不知不覺中，不想再作挨家挨戶式的訪問，最後，連原應訪問的新、舊客戶也逐漸疏遠。

無法成功的推銷員，一旦脫離不了這樣鬆散的生活模式，就會陷入情緒低潮狀態，待自我檢討後，才恍然明白是因逃避厭惡的事物及困境所引起。事實上，成功的推銷員其推銷生涯並非都一帆風順，也是經由克服種種難關才換來的。

「有苦才有樂，有樂就有苦」，這句話說得很對。

A先生現服務於J公司（專門銷售女性服飾，每年營業額約六億元），最初他是負責倉庫出貨的工作，熟悉有關商品的知識後，便擔任業務員。最初三年的業績尚屬中等，之後則每況愈下，經過調查才發現，其日報表所塡的新客戶，實際上都不曾逐一拜訪過。

追問他原因，他說：「因爲有一次交貨時出了差錯，遭到顧客嚴厲的指責。當天心情變得很低落，就跑到咖啡廳和電動玩具店打發時間，沒想到贏了許多錢。後來就迷上電動玩具，也就更不想去訪問客戶了。」後來他連續換了幾個工作，現在仍是個倉庫管理員。

其實，任何一位推銷員都曾遭遇過客戶的抗議、指責，因收帳時發生糾紛、不想再訪問客戶，或儘量拖延討厭的工作等經驗。在這種情況下，更應將曾被指責或抗議的顧客列爲第一個訪問的對象。工作時，難免會出錯，或許就因你誠懇的一句：「對不起！下次我會更注意！」使得原本想對你破口大罵的客戶，反而改用溫和的口氣安慰你。故不論如何絕不可退縮，更要設法拉近與客戶的距離。

以勇氣來克服討厭事物的人，才能獲得最後的勝利，一味地逃避則註定失敗。推銷工作亦復如此。

13 自我本位、自我中心的想法與行動——推銷即和對方協調之意

無法成功的推銷員，大多採取以自我爲本位、自我爲中心的想法與行動，亦即按照自己的生命活動週期（Biorhythm）來工作。他們共有的毛病如下：

(1) 訪問自己喜歡的客戶。

(2)早上上班遲到，前晚多有宿醉的情形。
(3)無法嚴格自我管理，經常喝酒、打牌至深夜。
(4)不接受上司、同事的建議，及學習他人的優點。
(5)訪問客戶數及商談件數少。
(6)總認爲自己相當聰明、能幹、自視甚高。
(7)無法討好對方。

所謂推銷員是自己主動和對方協調，並非讓對方和你協調；所以，和對方協調時，必須知道對方所關心的事、慾望和期盼，給予精神與物質上的對應。例如對方談到有趣的事，你也應表現高興的態度；若對方談起傷心的往事，亦應同表悲傷才是。

然而，習慣以自我爲中心、自我爲本位的推銷員，大多容易忽略對方的心理。當對方說話時，不是想其他的事情，就是不正視對方，一付心不在焉的模樣。

在某保險公司擔任業務員的N先生和上司T先生，曾有過這樣的對話：

N先生：「人活著最重要的還是爲自己，所以，只要爲自己工作即可。大家都說要隨時替客戶著想，其實，應爲自己打算才對。」

T先生：「爲自己而工作並沒有錯，但很少事情是能由一個人獨立完成，大多要藉著別人的協助才行。和你一樣地，對方也會認爲自己是最重要的，所以，不想和你訂契約、付手續費，但爲了家人的健康著想，還是會決定投保。因此，推銷必須主動的和對方取得協調才對。」

N先生：「我有自己的想法與作法，我要依自己的方式去作。」

T先生：「也好！推銷本來就沒有固定的模式，不過，別忘了學習前輩及同事們的優點，作爲自我的參考。或許你會認爲這很無聊、沒有價値性，但這的確不失爲討好客戶的絕妙方法。如果你喜歡喝酒、打牌也無所謂，但以不影響上班時間，或因宿醉而損及健康爲原則。你既然這麼重視自己，應善加運用自己的體力，以便成爲頂尖的推銷員。」

總之，應以他人爲本位來思考與行動較佳。

第一章　成功的推銷技巧

——全心投入

1 要喜歡自己的客戶、商品和地區——以對待情人的熱情去喜歡推銷工作

「我無法成爲頂尖的推銷員。」

「我不適合當推銷員。」

存有上述想法，每天生活在憂鬱中的推銷員不少，他們大多是看了報紙的求才廣告，才納悶且迷惘的自問：「這種工作有前途嗎？」或「這份工作也不錯。」等，容易陷入失望、矛盾的深淵中。唯有克服這層障礙，才能成爲頂尖的推銷員。

若立志當推銷員，渴望「成爲一流的推銷員」。首先必須「喜歡自己的職業，並引以爲榮」才行。

欲成爲成功的推銷員，須作到：

(1)要有強烈求勝的慾望，時時不忘成功。

(2)喜歡自己的客戶，經常關心客戶。

(3)喜歡自己銷售的商品。

(4)喜歡自己負責的地區，充分了解該地區的歷史與民情。

盡所能徹底實行。全心投入於推銷工作，可說是決心當推銷員的第一個步驟。

我有一位朋友曾連換數個工作，直到三十五歲才服務於目前的建築公司，第二年即迅速竄升爲頂尖推銷員。由於他以往的工作都維持不久，這次是什麼因素讓他有如此大的轉變，我非常好奇的詢問他。他說：

「說起來眞不好意思，我到最近才發覺自己最缺乏的就是工作熱誠，爲改善這種情況，最初就嚐試著去喜歡自己的客戶，那麼，不論作任何事情，都會自然而然地爲客戶設想；同樣地，客戶也會關心、照顧我。前些時候，我和一位客戶到澡堂享受洗澡的樂趣，一面和他談話，一面熱心的替他擦洗背部，一點也不覺得尷尬。」

以我的朋友爲例，各位或許會認爲這是由於他不想再虛度年華之故。但能發現去喜歡客戶是件多麼重要的事，並進而去關心客戶，仍然値得嘉許。

只要以追求女性的熱情來對待客戶，必能獲得豐碩的成果。

2　善加運用和顧客溝通情感的手段——要記得和客戶面談、打電話或寫謝函

人與人之間情感交流的方法有四：

(1)訪問對方、親近對方，一面看著對方，一面和對方談話。

(2)寫信（謝函、情書、問候或近況報告）。

(3)打電話（不論在何處，都要打電話給新、舊顧客）。

(4)送禮（將自己的關懷和情感，藉著禮物傳達）。

充分利用這四種方法，即可獲勝。業績良好的推銷員，都經常運用上述方法和客戶溝通情感。不過，方法畢竟只是手段而非目的，基本上，須由中地去關心對方，替對方設想。

所謂關心、替對方設想，即細心體貼對方，促進彼此親密的程度。同時，本著對他的關懷與愛心，時時設身處地爲他著想。人與人之間連絡感情最有效的方法，就是主動去拜訪、親近對方，並一邊專注的看他，一邊熱心的和他交談。

我非常榮幸能經常在以經營者爲對象的經營演講會，或以推銷員爲對象的推銷研究會上擔任指導的工作。

「談生意或推銷能不能成功，關鍵在於一天拜訪幾個客戶。只要多向人熱心推銷，必能成爲頂尖的推銷員。」這就是我的信念，也是我從事推銷工作二十多年的體驗。

我一直深信推銷員只要能辛勤不懈的去訪問客戶，絕對能得到成功。所以，就從訂立每天多拜訪顧客爲目標開始，至少持續五年的時間。在每天例行的訪問結束回到公司後，記得打電話給面談過的客戶：「眞謝謝你今天在百忙之中還抽空見我。」待下班後，再寫謝函寄給客戶。

只要重複做上述三件事，持續五年左右，必能成爲頂尖的推銷員。另外，爲表示你的敬意，對於曾照顧你的朋友、同事、前輩、客戶和師長等，不妨送送禮。

各位應善加利用自己雄厚的條件，每天最少要拜訪二十位客戶，並且要常打電話、寫信以連絡感情。

3 客戶不在時，留下你「愛的傳言」——讓對方了解你的心意

西方有句格言：「羅馬不是一天造成的。」同樣地，推銷也不是一天就能成功的，必須依靠平常不斷的努力。例如去拜訪客戶，正巧客戶不在時，必須設法將你的關懷與心意讓對方了解。

由於工作關係，我經常到各地指導有關金融、布料、房屋和機器等商品的銷售。在實地指導中，我發現十年前推銷員和客戶的面談率是四十％；現在則夫妻都有工作的家庭愈來愈多，女性進入社會或參加社會活動的比率，也有逐年增加的趨勢，導致客戶不在家的戶數大爲激增（高達七十％）。最近一般家庭的訪問推銷中，推銷員和客戶的面談率甚至只達二十％左右。

$$面談率 = \frac{面談件數}{訪問總戶數} \times 100$$

如此一來，以直接銷售爲主的商品公司所面臨的困境，就是「客戶不在時，應採取怎樣的對策」。事實上，對這些不在家的客戶並無好的解決方法，所能考慮的是：

(1) 夜間拜訪。

(2) 晚上打電話給客戶，預約下次訪問的日期、時間。

××先生

我今天特別去拜訪你，想替你辦保險費，很遺憾你剛好不在。下個禮拜二下午一點，我再來拜訪你，屆時請你多多指教。

二月二十六日

○○銀行××分行

×××

××先生

今天天氣很不穩定，你好嗎？托你的福，我近況很好。

聽說 貴公子覓得好職業，恭禧！恭禧！

我今天特別去拜訪你，想向你推薦質料非常好的西裝料，但很遺憾你剛好不在，改天再前去拜訪，屆時請多多指教。

二月二十六日

○○×××

---

(3)邀請客戶親自到自己公司。

對於訪問時無法見到的顧客，我建議不要只把名片放進郵筒中便交差了事，應設法讓對方明瞭你的關懷之意。例如晚上打電話給客戶：「我今天特別去拜訪你，但很遺憾你剛好不在，不知你下禮拜二下午一點是否在家？」

4 卽使吃了閉門羹，也要以留給對方好印象的方式離開——要繼續訪問

俗話說得好：「推銷是從被拒絕才開始進行的。」的確，推銷員在銷售商品時，對於第一次拜訪的客戶，要有完全被拒絕的心理準備，並將初次訪問當作是以自我介紹爲目的。事先作好心理準備，在不幸吃閉門羹時，就不致於過度失望。

大約二十年前，我在×市剛開始從事推銷工作時，幾乎都被客戶拒絕，好幾次想改行，只因巡迴推銷員（Route Salesman）所訪問的客戶比較固定，不必經常尋找新客戶，才打消了改行的念頭。

直接推銷（Direct Sales）則必須擬出可望成交的客戶名單，再進行挨家挨戶式的訪問，尋求新的顧客。

推銷的形態大體上可分：

(1)直接推銷

(2)巡迴推銷

(3)店鋪推銷

它們共同的特徵，即都以人爲銷售的對象。

通常被拒絕或吃閉門羹，大多由於未作好訪問預約之故。所以，應先以電話或信件預約訪問的時間，再去訪問較佳。當你打電話給可望成交的客戶：

「你是A先生嗎！我是B公司的C××，我有些問題想訪問你，不知道明天早上十點你是否方便？」

像這樣打電話給客戶，大部份的人會回答：

「我們很忙也不需要，所以沒有時間和你見面。」

然後便把電話掛斷。因此，若銷售的商品價格高昂或需詳細說明使用方法時，更應和客戶作好訪問預約。另外，要去拜訪商談終結的客戶，也應先約好訪問時間。

新進的推銷員爲尋找新顧客，必須訪問較多的客戶，難免容易碰到挫折，事先要有吃閉門羹的心理準備。果眞被拒絕或吃閉門羹時，切勿焦慮、生氣，只要大方懇切的一鞠躬說：

「今天眞謝謝你，改天再來拜訪，我走了！」

這樣的離開，必能留給客戶良好的印象，然後再鍥而不捨的另行訪問。

另外，需注意的是訪問時，不要一味地按門鈴，應輕敲大門，才能直接利用聲音和對方交談。

5 準備一分鐘談話的資料，並加以記錄——此爲消除警戒心，吸引對方注意的武器

當我擔任經營研究的實地指導工作時，曾把與會的學員分爲幾個小組，讓他們作一份面談資料。

爲何要這樣作呢?因爲根據我多年的推銷經驗,對方能接受推銷員所說的話,頂多一分鐘而已。所以,在一分鐘內,推銷員能否說明自己的來意,並留給對方良好的印象,便決定推銷的成功與否。

準備好一分鐘推銷資料的目的有二:

(1)消除對方的敵意和警戒心。

(2)吸引對方的注意力、關心和興趣。

勿只記錄自己所作的一分鐘推銷資料,應加以體會,並作自我檢討最重要。因爲光憑記憶容易忘掉,同時,也應視時間、場合及當時的情況而定。

首先,把一分鐘推銷資料反覆背誦一百次,接著面對鏡子大聲唸出,一直練習到可隨時、隨地脫口說出爲止。然後就不要再拘泥於一分鐘推銷資料,應配合場合靈活運用。

・守——遵守信條和原則,並加以體會。

・破——突破以往的想法與作法,並加以創新。

・離——自我創造方法。

・越——超越自己所學和前輩的知識、經驗,並確立新的方法。

一分鐘推銷資料的內容

1. 寒　暄
2. 目　的
3. 推銷重點(對客戶有何好處)
4. 價格(視需要來決定是否說明)

一分鐘推銷資料的實例

1.寒　暄	「你好！我是○○公司的××，感謝你平日的照顧。」（虔誠地鞠躬，遞出名片）
2.目　的	「今天我想爲你介紹羽毛被，請利用機會購買看看，尤其像現在天氣這麼冷，最適合不過了。」（這時，暫停二、三秒鐘，觀察對方的反應，對方必定不想購買或感到不安）「這是說明書，請看一下。」（交給對方）
3.推銷重點	「使用羽毛被有許多優點：㈠輕柔不易滑落；㈡透氣保暖；㈢非常耐用，可使用三十年以上，並且在這期間不需再次翻新，不必浪費額外的開銷；㈣晚上可享舒適的睡眠。請利用這機會購買看看。」
4.價　格	「現在市面的售價是二萬六千元，我只賣一萬九千元，足足便宜了七千元，請利用機會購買看看。」

6 被客戶拒絕的對應方法——判斷客戶拒絕的內容，再進一步採取行動

前面曾敍述過一分鐘推銷資料裡最重要的是，反覆使用「請利用機會……」這句話。

大約十年前，我曾以某銀行的四十名行員爲對象，進行連續一年半的指導，在那段期間並且和他們生活在一起。

我和四十名行員共同作推銷實驗，深深感覺到：

⑴不推銷商品，就無法了解客戶的反應。

⑵「請利用這機會購買看看」這句話頗有助於推銷。

⑶以這樣的方式推銷，客戶必定會拒絕。他們拒絕的語句種類，將在下面列舉。不論你推銷何種產品，客戶爲拒絕所說的話幾乎都一樣。

「請利用機會購買看看」以這樣的方式向客戶推銷，絕對無法獲得如下的回答：「好吧！我買！」或「好吧！我嚐試看看！」大約百分之百的客人都會使用下面列舉的拒絕語。故被拒絕時，應如何對應，以便採取進一步的行動才最重要。

必須正確地判斷客戶拒絕的話是①眞正拒絕②保留商量餘地的拒絕③客戶仍感到困惑④以快點讓推銷員離開爲目的。衡量是否有成交的希望最要緊，其他可等下次再行拜訪。

客戶拒絕的話	你對應的話
1. 讓我再想想看	
2. 我再考慮看看	
3. 我再和家人商量看看	
4. 沒有錢	
5. 我們不使用	
6. 以後再說	
7. 要買再打電話給你	
8. 我們已經有了	
9. 我們已從別家購得（已訂購）	
10. 好吧！讓我比較一下再說	

大部份的推銷員看到圖表所列舉的拒絕語，都說：「是嗎？好！那我以後再去訪問。」

根據我以往的經驗，對於上面的拒絕語，最有效的對應方法就是說聲：「謝謝你！」詳情請看下一節的敍述。

7 有效運用「謝謝你」這句話——反覆使用較有效

要促進可望成交客戶的購買意願，極爲有效的方法就是反覆說「謝謝你」，通常客戶聽了這句話，心中會感覺舒適。

不過遺憾的是，大多數的推銷員都不知有效運用「謝謝你」這三個字，原因何在？這是由於心中害怕被拒絕，同時，也沒有用心去考慮該用何種方法終結商談之故。

「請利用這機會購買看看！」

「好！我先和我丈夫商量再說！」

「是嗎？×太太，眞謝謝你！那我下禮拜六上午十點再來拜訪妳。」（然後拿出手册，寫上訪問預約。）

「我只是和我先生商量看看，並不保證一定購買，所以，你再來也沒有用。」

「×太太，今天眞謝謝妳！相信下個禮拜必能獲得讓人滿意的答案，我期待著。」（提起勇氣，即使有些緊張也無所謂，記得保持開朗的心情與表情。）

在日常所使用的語言中，「謝謝你」是句既優美又悅耳的話。不論在任何地方或對任何人反覆使用，一定會使對方產生好感。

例如在街道上行走，小孩子好心讓路，若你能說：「弟弟，謝謝你！」他必定會很高興且微笑地問你：「叔叔！你從什麼地方來的？」如此，便拉近了雙方的距離。

人們都不喜歡別人對自己不懷好意，而多親近對自己產生好感與關心的人；同樣地，自己若能以愛心、關懷來對待別人，對方必也會感到很高興。男女間的關係亦復如此，例如每次見面，男士都說：

「我喜歡妳！妳的倩影始終迴盪在我腦海中。」

反覆聽到這句話，原本對這男士並不很喜歡或毫不關心的女性，可能就會逐漸的喜歡上他。

推銷工作更是如此。足以表示對客戶關懷之意的一句話就是「謝謝你」，因爲客戶在決定購買商品或服務前，都會產生困惑，你應該多多使用這句話來消除客戶心中的不安。

各位趕快反省一下，你曾對幾個客戶說過「謝謝你！」

8 客戶的拒絕語和你對應的例子——要誠心誠意的說「謝謝你！」

大家已知道「謝謝你」這句話的效用，我們在前面曾概略提到，但爲了提供讀者參考，現再舉一些對應的實例。

・標準話法和對應話法

「早安！（鞠躬）我是S公司的××，經常受到你的照顧！謝謝你！」

——懇切地打招呼、遞上名片。

「××先生（客戶的名稱），我今天是爲了推銷○○（商品名稱）特別來拜訪你，請利用這機會試看看，好嗎？」

——這時暫停二～三秒鐘，客戶會說「拒絕的話」（例如「我們不用」或「沒錢」），此刻最重要的是默默聽顧客拒絕的藉口，觀察他的表情及動作，然後鼓起勇氣說：

「××先生，這是○○（商品名稱）的目錄，請過目。」

——親自將說明書或目錄交給對方，當客戶接過後，就走到客戶的左前方或左邊（因爲大多數的人都使用右手寫字，採取這個方向，對方較易聽你的說明，這是根據我的經驗所得）。接著正確、簡要地說明推銷商品的重點（對客戶有何好處），最後再叮嚀一次：

「××先生，請利用這機會試看看！」

——運用這種方式來拉近彼此的距離，你會發現對方第一次拒絕的話、表情和動作，與第二次有明顯的差異。成功的推銷員必須具有察覺此微妙心理變化的「敏銳觸覺」；反應遲鈍，又常以自我爲中心的推銷員，則無法得知對方微妙的心理變化。故經常關心對方，使對方產生共鳴，才能發覺其心理的變化。

客戶拒絕的話	推銷員對應的話
1.　讓我再想看看	是嗎？眞謝謝妳！我期待××太太（客戶名稱）滿意的答覆。
2.　我再考慮看看	是嗎？眞謝謝妳！××太太，如果妳已決定購買，何不乾脆點？愈早購買愈好。
3.　我再和家人商量看看	是嗎？眞謝謝妳！××太太，家庭主婦是掌管一家的財務開銷，你先生則在外爲家庭努力工作，他必定也會很贊同妳爲家裡添購物品的。

4. 沒有錢	是嗎？眞謝謝妳！請不必擔心錢的問題，只要交給我辦即可。
5. 我們不使用	是嗎？眞謝謝妳！或許妳會認爲家裡用不著，不過，假如嚐試使用這種○○（商品名稱），妳的家人一定會感到很興奮，家庭生活也會更幸福。
6. 以後再說	是嗎？眞謝謝妳！如果有心購買，還是利用現在的機會最佳。
7. 要買再打電話給你	是嗎？眞謝謝妳！那我就改天再來拜訪。我這裏有幾個銅板，假如妳決定購買就打電話給我，我等妳的好消息！
8. 我們已經有了	是嗎？眞謝謝妳！我這次所推銷的○○（商品名稱）對健康很有幫助，使用方法也很簡單。
9. 我們已從別家購得（已訂購）	是嗎？眞謝謝妳！請讓我們利用這個機會爲妳服務，我們的服務熱忱絕不亞於別家公司。
10. 好吧！讓我比較一下再說	是嗎？眞謝謝妳！那麽，請妳比較看看，我們對於自己銷售的商品深具信心。

9 如何辨別有心購買或對商品相當關心的顧客——心情會表現在語言或態度上

俗話說：「好的聽衆才是懂得說話藝術的人。」要當一位認眞傾聽對方說話並適時詢問對方的人，以說三分、聽七分的原則最佳。

所謂好的聽衆就是：

(1)熱切傾聽對方說話。

(2)贊同對方說的話。

(3)開口說：「哦！原來如此，我了解了！」

(4)針對對方關心之事，加以詢問。

人是最關心自己，最希望自己幸福的，同時，也渴望別人能了解與接受自己。所以，在不知不覺中，自然喜歡談論自己所關心的事。

所謂對話或談話，就是和對方一來一往地交談，這和球類運動有投有接的道理相同。它的另一涵義，即對於對方所說的話產生共鳴、反駁或感動的情緒反應，一起去體驗人生的悲與喜。

對話是雙方情感交流的方式，非單方面的自說自話。熱心傾聽對方說話，適時加以詢問，並表示自己的感想（語言、態度、表情），才是對話的最佳形式。

‧如何辨別有心購買的客戶

通常去拜訪客戶，在表明來意和詢問意見後，觀察其反應，便能了解客戶的興趣與關心程度。

一般而言，有意購買或對商品相當關心的客戶，會有如下的詢問舉動：

(1)詢問商品的性能、材料、工程。
(2)詢問售後服務是否完善、可靠。
(3)將價格和別家比較，然後會討價還價。
(4)說出鄰近地區對此商品的評價（誰曾用過、誰已買過）。
(5)仔細閱讀說明書、詢問和其他公司的差距，以便了解商品的行情。
(6)和你（推銷員）協議。
(7)沈默思考，問明交貨期。
(8)說：「是嗎？」後，才點頭同意。

你對客戶的詢問，必須懇切的回答，才能消除他的不安，最後即可再加句：「請利用這機會購買看看！」

10 留給客戶良好的第一印象——要自信、大方而勇敢地接近客戶

「有人在嗎？」

「哪位？」

「我是S公司的××。」

「有什麼事情？」

「是這樣的！我想向你推銷一樣商品。」

「哦！我們用不著！」

「太太！先別這樣說，請聽聽我的說明。」

「別煩了！告訴你我們用不著，我現在很忙！請回吧！」

這是一般推銷員訪問時所進行的對話。這種方式容易吃閉門羹，並常常因沮喪而不想再去拜訪更多的客戶。

他們共同的缺點就是「膽怯」、「猶豫不決」，總想在向顧客說明來意後，便趕緊離去。像這樣毫無自信的態度，當然不會成功。

想成功的推銷，應採如下的方式對談：「太太！我想告訴妳一個消息，我知道妳很忙，能不能給我三分鐘來說明？」「好吧！反正只需那麼一點時間，但我先聲明不買哦！」這時，再用點功夫並拿出魄力。

「我想爲妳介紹一種對妳有益的商品。」以充滿自信的口吻說道。另外，爲了留給客戶良好的印象，應穿著整齊、神情開朗，並注意下列幾點：

(1)懇切地打招呼，作約四十五度的鞠躬。

(2)站在門口時，要大方自然的和客戶談話，切勿膽怯、猶豫不決。

(3)從容、清楚的說明來意。

(4)一走進大門，若需脫鞋，鞋子要擺整齊，然後讚美門內的裝潢及擺設（花、陶器、圖畫等）。

(5)商品目錄是接近客戶的有效工具，應親自交給客戶，不可隨意放在桌上。

(6)儀容整潔、乾淨（或許有人會認爲內涵比外表更重要，但給對方的第一印象多半是取決於你的外表）。

總之，在客戶面前必須大方、勇敢的說話。所以，推銷可說是一門需要相當熱忱與勇氣的行業。

11 發現可望成交的客戶——親自拜訪爲基本原則

推銷員最主要的工作，即尋找購買商品的客戶。不論是一般家庭、辦公室或財團法人等，都要經常去拜訪，所以，當一名推銷員的基本條件就是勤於訪問顧客，但這點卻常被人們忽視。

可望成交客戶和契約之關係

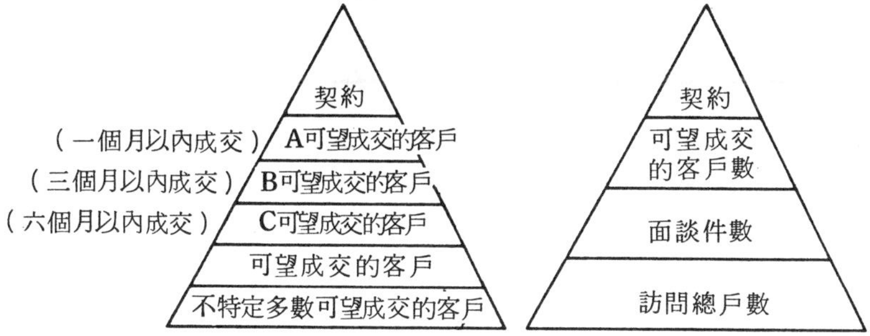

每天一上班，心裡便想：「今天去哪裡較好？不知道有沒有好消息？」然後即在辦公室或咖啡廳消磨時間的推銷員很多。他們都認爲是因爲沒有「可望成交的客戶」才會如此，而非「不努力推銷並積極採取行動」所致。

因此，總是經常抱怨：「沒有訪問的對象」、「沒有訪問的家庭」或「沒有可望成交的客戶」等等。假使眞的沒有可望成交的客戶，就從你居所附近的家庭、公司行號或工廠開始訪問。既然決心當推銷員，就必須克服害羞、恐懼感等才行。

經常去開發新的客戶，就是推銷員主要的任務。

所謂新客戶有如下的分類：

(1)曾交易的老客戶，現已不再交易——再度說服老客戶購買。

(2)介紹新商品給現在的客戶——深層開拓。

(3)從交易的客戶結構（家庭、辦公室、財團法人）中，擴展其家族數和職員數等——人數開拓。

(4)曾有意購買的客戶，結果沒有成交（曾詢問或要求提出估價單等）——敗部開拓。

(5)藉臨時或巡迴訪問尋求的新客戶——重新開拓。

(6)朋友、同事或客戶的介紹——介紹開拓。

由此可知，能否找到新客戶，全靠推銷員是否勤於訪問來決定，亦即只要推銷員努力地推銷，就能經常獲得新客戶。

對於推銷員而言，契約和可望成交客戶的關係，應成金字塔形，亦即底部愈寬大愈佳。

12 利用電話——廣泛地應用電話

前面第一章第二節曾敍述過，人和人之間連絡感情的方法，以打電話最方便、最有效，電話可說是成爲頂尖推銷員不可或缺的有效工具。那麼，要充分應用電話，該注意哪些事項呢？現爲你分述如下：

(1)作好一般客戶名單和可望成交的客戶名單三本，一本留在家中，一本放在公司抽屜裡，另一本則隨身攜帶。不論何時、何地，都要經常打電話給客戶。

「哦！對了！我必須打電話給××先生，但不曉得他的電話號碼，還是回到公司再查吧！」像這樣延誤該作的事甚或遺忘的經驗，也許你也曾有過。

這時，應儘量想出電話號碼，然後立刻打電話給客戶才對。另外，每天一上班，應馬上打電

話向昨天拜訪的客戶道謝。所以，必須準備可隨時查到客戶電話的小册子。

(2)打電話前，先考慮、記錄要問什麼或談些什麼，才能順利達到目的。

(3)事先查好要交給對方的資料或數字，再打電話。我們經常會碰到這種情況：「對不起！請稍等！我不曉得將資料放在什麼地方，一時找不到，待會兒再打電話給你。」

(4)激發對方說話的慾望，並記錄其所說內容，如無記錄，有時可能會發生糾紛。

(5)打電話固然方便，若用法不當則會產生反效果；爲留給對方良好的印象，只要簡明扼要地傳達你的關懷之意即可。假如對方希望談久些，則另當別論。

以上即電話的正確用法。

打電話有各種目的，以推銷員而言，經常使

用的目的不外乎預約訪問客戶和處理客戶抗議等問題。但更可廣泛應用於以下事項：

①去拜訪客戶，客戶剛好不在時，可以打電話給他：「很遺憾你不在，下禮拜二下午三點你在家嗎？」

②拜訪和你面談過的客戶後，隔天可再打電話給他：「謝謝你昨天在百忙中還抽空接受我的訪問，我已查好你所要的資料，讓我告訴你。」

③對已成交的客戶，可利用電話告訴他：「前些時候眞謝謝你，使用後有沒有問題呢？」

④以電話向客戶表示祝賀、安慰或鼓勵之意。例如「恭禧你家公子考上大學，我特地打電話向你慶賀。」「恭禧董事長支持的××先生當選議員，你實在功不可沒。」

第二章　達到推銷成功的各種步驟

——以熱心推銷來拓展光明前途

1 要有達成目標的堅定決心——必須具有熱誠，才能推銷成功

一位推銷員需滿懷熱誠，積極掌握自己的目標。所謂目標即：

(1)推銷的目標——利潤、毛利、增加營業額。

(2)人生的目標——幸福的生活。

這兩種目標是爲表裡關係，沒有輕重之分，最重要的是將兩者具體化，並加以牢記。立志成爲頂尖人物者，事先必會訂定「我要當××部長」、「我要當董事長」、「我要成爲最優秀的運動員」、或「我要當成功的推銷員」等明確的目標，進而努力達成。唯有具備堅強的決心，才不怕吃苦受難。

一個頂尖的推銷員，都會把一年的營業額、目標營業額或一天的營業額作成具體的數字，藉以鞭策自己。當一般推銷員已放棄說服客戶離去時，這些人則會自我激勵：「讓我再訪問一家。」儘量去拜訪客戶，下班回家後，則全力準備明天所要訪問新客戶的資料。

一般推銷員總認爲只要達到公司的銷售目標即可，但頂尖推銷員卻會不斷的向目標挑戰。

他們挑戰的目標就是：

推銷成果＝對目標的信念×活力×體力×能力

①在公司中，獲得最高的營業額和利潤。
②在推銷行業中，當一名頂尖的推銷員。
③以推銷爲終生事業，或以升任業務經理爲工作目標。
④終身服務於現在的公司，或將來自行創業當老板。

等等自己決定的具體目標。

爲達成自我目標所付出的心血，絕不會白費；能爲目標努力奮鬥的人，常能得到最後的成功。

爲了擁有堅定的決心，並順利達成目標，必須先有充沛的活力與耐性。因爲從早到晚不停地拜訪客戶，工作時間很長，爲避免勞累、生病，故要鍛鍊體力，同時，每天也要作自我反省。

頂尖推銷員都具備「我有必須完成的目標，今天一定要去拜訪更多的客戶」等的高昂鬥志。自己如果沒有去追求目標，絕無法獲得最後勝利。

2　熱心努力地推銷——買不買由客戶決定

我和N公司的F兄弟相識甚久，他們一直都很辛勤地工作。從大學畢業至今，他們先後作過幾種生意，但都不幸失敗；然而，他們從不求助別人，總是憑自己的力量，努力向目標挑戰。

某個禮拜天，兩兄弟突然來拜訪我。

「你好！我是N公司的×××。」

「好久不見，請進！最近從事什麼生意？」

「家裡的印刷業由父親負責，我們兄弟正在推銷陽台和日光屋（Sun House）等戶外商品，價格約二十～五十萬元左右。」

「還是那麼有魄力！你們銷售高價產品的秘訣是什麼？」

「其實，並沒有任何秘訣，只是很認眞去推銷罷了！事先擬定銷售地區或家庭戶數，再行訪問。推銷成果絕不能取決於客人的房屋或穿著是否豪華，有些樸素平實的客戶也會購買價值五十萬的日光屋，買不買是由客戶決定而非我們。有時一天訪問了近五百家，只爲尋找可望成交的客戶，即使工作到深夜二、三點也無所謂。」

「但對方不會感到困擾，甚至責罵你們嗎？」

「嗯！有時會，不過，我們會拿出毅力來克服障礙。不論多麼勞累，只要看到客戶，精神便爲之一振。」

看到這兩兄弟，不禁使我回憶起自己三十多歲時努力工作的情形，一直到近五十歲，才決定向新工作挑戰。

推銷員絕不可憑自己先入爲主的觀念選擇客戶，應多學習這兩兄弟熱心努力地推銷，才是邁向成功的第一步驟。西方有句諺語：「獅子即使只捕殺一隻小羊，也會全力以赴。」就是最佳例證。

3 訪問準備周詳——完成每一工作準備步驟，才能成功

想在推銷上獲得更好的業績，首先，必須擬定計劃，按計劃徹底實行，然後記錄結果，並向上司報告。另外，每天應自我反省，決定隔天工作的先後順序，擬定行動預定表。唯有遵循「計劃→實行→記錄→報告→反省→明日行動預定」程序反覆實行，才能得到進步與成長，也才能產生再接再勵的原動力。

•勿成爲店員

一般推銷員都不喜歡記錄，他們認爲這不重要，故沒有寫日報表的習慣。其實是大錯特錯，一個不喜歡記錄和思考的推銷員，只能當店員，無法成爲頂尖推銷員。

只要聽聽成功者所說的話，或讀他們的傳記即可得知，他們都擁有明確的目標，並且按照所擬計劃行動，不會逃避厭煩、艱苦的任務，而以堅定的決心及熱情向目標挑戰。

業績不好的推銷員大多是憑自己的直覺，無計劃地採取行動，或者臨時想到才做，這點極需改善。

月份訪問次數表

訪問對象＼日／星期	1	2	3	4	5	6	7	8
	日	一	二	三	四	五	六	日
1								
2								
3								
4								
5								
6								

爲定期訪問新、舊客戶，必須作如上的「月份訪問次數表」，並仔細確認才不會遺漏。另外，對於所擬計劃有幫助者，應在訪問預定表上先作○的記號，如果拜訪到客戶就劃◎，若客戶不在就劃ⓧ，只以電話聯絡則寫上Ⓣ。這樣不僅節省時間，也一目瞭然。

●每天都應反省和準備

推銷的行動計劃擬定法，以先作一個月的計劃，再作一個禮拜、一天的計劃較佳。

＜**一個月的計劃**＞　要擬定每月計劃表時，應在月底針對該月的目標與實績進行檢討，然後預擬下月的目標和行動計劃。一週計劃原則上和一個月計劃相同，所擬的順序如下：

(1)和客戶的約定事項優先。

(2)依工作的狀況判斷、決定優先順序。

(3)每個禮拜或每個月記錄一次日報表和客戶卡，並作成檔案。

(4)測察目標和實績的差距，追究其原因，再擬定對策及行動計劃。

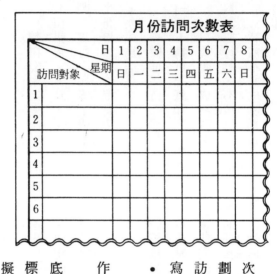

(5)擬定下禮拜的目標，作好行動計劃。將訪問對象（以可望成交的客戶優先）、目的和打電話連絡的客戶，一併記錄在日報表上。

(6)準備必要的推銷用具。對於可望成交的客戶，應先打電話約好訪問日期、時間。

＜一天的計劃＞

推銷員應以自己的意志決定一天的行動計劃，勿受他人的壓迫，需有嚴格的自我管理能力；若無堅定的意志，生活便容易陷入混亂，不知不覺中，就成爲沒出息的推銷員。

擬定一天的計劃，需注意如下事項：

①以事前約定的新客戶優先。

②緊急事項也列爲優先。

③先處理厭煩、艱苦的任務（如客戶的抗議和指責）。

④仔細衡量訪問的路程、時間。

⑤要有早上提早出門，晚上很晚回家的心理準備。

⑥儘量先和客戶約好見面時間，然後和他共進中餐、晚餐。

不論是一月、一週或每天，最重要的是有耐心地作計劃，並預定反省的時間，然後依照計劃徹底實行。

計劃要仔細，行動要大膽！

推銷員的時間分析

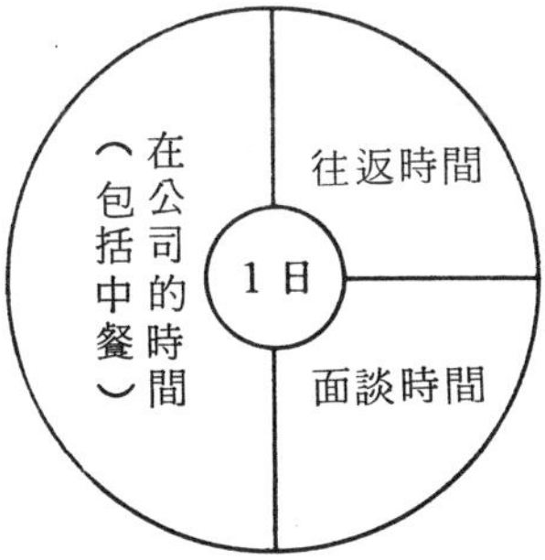

一天＝10時30分（8：30～19：00）

•善加珍惜和運用時間

推銷是一種極易浪費時間的工作。七五頁圖是E公司最近進行，「推銷員一天中運用於工作的時間」的分析結果。令人驚訝的是和客戶面談的時間只有二～三小時；原因是近年來，婦女的就業率超過百分之五十，客戶不在家的比例逐年增多，加上交通阻塞，往返相當費時所致。這樣怎能增加營業額，達到預定目標呢？下面是我擔任推銷員和經營指導多年來所得的信念：

「想增加訪問戶數，就必須勤於訪問，上午要拜訪一百家左右。」只要有耐性地實行一～三年，必能成功。

我當經營顧問時，一位資深前輩曾告訴我：「O先生，你要在別人面前暢談一小時，需先花費五個小時準備。不論有多少聽衆，你都應全力以赴，不可以賣弄小技巧來消磨時間。」

事實上，推銷也是如此。

推銷員應花點腦筋，有效地運用有限的時間，以便多接近客戶，獲得成功。要接近客戶，就需訪問更多的客戶；能和客戶面談，才能得到新客戶，所以，事先應作好訪問地區和訪問對象的計劃。

•早上的士氣最高昂

推銷的準備工作中，最重要的是每天早上培養高昂士氣。當天能否推銷成功，完全取決於早上的士氣是否高昂，故每天一早醒來時，要有「我必須朝目標努力奮鬥，今天要去拜訪很多客戶」的鬥志才行。

每天儘量早點上班，事先決定行動計劃和工作步驟，等早上例行會議結束後，就立刻外出拜訪客戶。否則，準備再充足的計劃，若不懂得把握時間，也是徒勞無功。

4　積極接觸客戶——不積極接觸，就無法獲得新客戶

積極尋求「美好的邂逅」，此即推銷員最主要的任務。

人與人之間是由接觸開始的，有接觸才能共同創造光明的前途。推銷最大的特徵，就是積極接觸陌生人（可望成交的客戶），同時，須靠自己主動去接近對方。

•推銷能否成功，關鍵在於接觸

所謂接觸即和新、舊客戶面談或聽對方說話，適時傳達自己的來意，然後站在相同的立場，使客戶產生共鳴。

推銷能否成功，百分之七十取決於和客戶接觸的技巧。通常和對方交談三十秒左右，即可決定成敗。那麼，應如何在這三十秒中突破對方的心防，並吸引對方的注意力呢？

第一次接觸由打招呼開始，應一面微笑地看著對方，一面以開朗、大而清晰的聲音打招呼；要克服新客戶產生抗拒的障礙，並消除其警戒心，讓客戶接受自己，這才是高明的接觸方式，也較容易吸引對方的注意力。

如果可望成交的客戶對你表示懷疑或不歡迎的態度，就不宜再繼續推銷，只要詢問客戶即可。因爲太熱心推銷易使對方產生壓迫感，遭致反效果；此外，也必須先考慮詢問的話題。若對方焦躁的移動位子或打電話，應等對方鎮定後再商談，或說：「你今天很忙，我改天再來拜訪。下禮拜一上午十點你方便嗎？」然後再行訪問較佳。

•第一次拜訪，要有吃閉門羹的心理準備

對於推銷員而言，去拜訪老客戶，絕不會一開始就吃閉門羹，但初次去訪問陌生的客戶，九九％都會碰釘子。

初次訪問最重要的是留給對方良好的印象。應抱持的態度可歸納爲下列五點：

⑴第一次訪問，要有一〇〇%吃閉門羹的心理準備。
⑵當作是自我認知和公司的宣傳機會。
⑶推銷時間不宜過長，並要提早告辭。
⑷對銷售商品有信心，必可使對方產生購買的慾望。
⑸要讓對方關心你，並對你發生興趣。約好下次訪問的日期。

•反覆拜訪，徹底推銷商品

第一次訪問，若能留給對方良好的印象，對方較易對推銷員和商品引發興趣，待第二次拜訪，便較容易銷售。所以，在第二次以後的拜訪中，便可向對方說明商品的特色及優點。這時，需注意如下幾點：

①注意禮節，勿過於隨便，語氣要謙遜溫和。
②要稱呼對方的名字，了解對方關心和擔心的事（如付款問題等）。
③配合對方的需求來強調推銷的重點，並親近其周遭的親人。
④說明時，客戶若提出質問，要親切、仔細及正確的回答對方。

•善加運用預約（電話、寫信、介紹）訪問

既然已作訪問的預定，事先就應整理好資料，並仔細思考談話的主題，然後抱持必勝的心態，全力以赴。

「我是前陣子打電話給你的××，在說明我的來意之前，可不可以讓我先問二、三個問題？」要充分掌握問題的重點，避免談論嗜好、景氣等和目的無關的話題。等商談結束後，對方有空和你交談，再繼續閒聊。

總之，事先準備好談話的事項，是獲得成功的因素之一。

5 笑臉迎人——常保持笑容的人，必能獲得成功

我站在陌生群衆面前演講，已有十年的經驗，最近深深感覺到，每個人各有不同的笑容，「笑容」正可以反應當事者的人生。

人之所以異於其他動物，就是可用語言表達自己的思想，並且能向別人展露笑容。貓、狗類等動物，雖然會表示哀傷或憤怒的動作，但卻無法展示笑容。

俗話說：「一笑值千金。」的確，遇到艱難還能保持微笑、表現熱誠的人，必能掌握幸福、成功。反之，雖然外形非常亮麗搶眼，又畢業於一流學府，若常流露不滿、傲慢和陰沈的態度，則無法擁有幸福的人生。

「微笑可帶來幸運」，我們應生活在充滿笑意的環境裡。日常的推銷行動，更應以笑臉迎人。

我曾應邀參加F公司的員工研修會，會議開始前，我要求學員們待會兒被叫到名字時，面帶微笑、大聲的回答：「有！」

但在正式研修會中，有些人被叫了三次仍不願回答。我便徵詢對方不回答的原因，他卻說：「我沒有必要回答你的問題。」這時，我已忍無可忍，即說：「M先生，請你馬上離開會場。」（那個人也眞有骨氣，立刻就掉頭而去。）

通常我們不易發覺自己冷傲的態度，可能會造成對方的不快，我也是透過多次的研修會和經營演講會，才逐漸體會出這道理，故時時警戒自己，不可表現冷漠的態度。與人交往，不論是自己的妻、子，或是客戶，都應隨時保持開朗、快樂的笑容。

「人並不是因爲悲傷而哭泣，惟有哭喪著臉才會產生悲哀。」同樣地，「人並非因爲快樂才笑，只有常微笑才能使自己變得更開朗、快樂。」

請各位暫時放下這本書，趕快照照鏡子，看看自己的笑容是否深具魅力？如果沒有，每天記得照鏡子反覆練習。

6　不銷售商品而銷售軟體——推銷需配合客戶的慾望和需求

大家都知道，視覺、聽覺、嗅覺、味覺和觸覺是人類的五種特有感覺，若加上佛教裡的意覺，則稱六覺。至於第六感是因靈活運用五感所致，推銷員也需有效地刺激對方的五感才能成功。

推銷並非只單純和客戶交易，它還包含銷售軟體。所以，不能只靠語言來說明軟體，應展示實物，並提供一切資料以滿足對方的五感。

所謂軟體，即專注地傾聽、了解對方的願望和需求，給予心靈與動作上的回應。客戶要買的是使用商品後帶來的便利，而非商品本身；所以，推銷時必須配合對方的需求，正確地傳達商品的優點。

在豐衣足食的現代社會中，人們的物資生活不再匱乏，今後推銷的新趨勢，即以帶給客戶精神上的喜悅與滿足爲主，也就是提供夢想、舒暢、文化性、經濟性、健康和安定等感覺。

故推銷時，應儘量提供商品的效用、價格和特點等軟體，讓對方充分了解；爲達銷售的目的，應讓對方觸摸或試用看看。假如你無法隨身攜帶商品，就必須事先備好建議和技術方面的資料，因爲只憑口頭上的說明，難使對方了解及同意。

想讓客戶充分了解，促進購買的慾望，可讓客戶現場試穿、試吃、試喝或試坐等。尤其是愈高級的商品，愈難使用口頭說明的方式，客戶也會存有「這商品眞的那麼好、那麼有價值嗎？」「會不會吃虧？」等警戒心。因此，在說服時，應多強調有助於對方的利益才行。

推銷應注意的事項：

(1)仔細明確地說明商品對客戶的好處。

(2)喜歡自己銷售的商品。
(3)多充實商品的知識，並擁有信心。
(4)要提供有效的建議資料或實績表（客戶一覽表，偶爾可帶對方到老客戶家，或者給對方參閱使用說明的照片）。

總之，為消除可望成交客戶的不安感，應運用一切可行的方法。

7 多使用「請利用機會……」——可消除客戶心中的迷惑

客戶決定購買商品前，必會經歷一心理矛盾過程，此過程稱為購買心理的五大階段。在此可以「AIDMA」來表達客戶購買的心理，現分述如下：

(1) Attention　注意（促進好奇心、吸引注意力）
(2) Interest　興趣（引發客戶對商品的關心、興趣和需求）
(3) Desire　慾望（喚起慾望，並加以比較）
(4) Memory　記憶（記下並確認商品的價格與優點）
(5) Action　行動（決定購買，簽訂契約）

通常客戶注意到某樣商品，在決定購買前，都會經歷心理上的掙扎。原想著：「我想買！」

突然又會閃過一個念頭：「不行！還是先不要買，也許改天會發現更好、更便宜的商品。」等，到最後仍會有：「不過，我實在很想買下來，該怎麼辦呢？」的矛盾心理。

這時候，推銷員應告訴客戶：「先生，請利用機會購買看看！你一定會深感值得的！」以這種商談締結語來結束面談，較能消除對方心裡的迷惑。

使用這種締結語（Test Closing）可以促進客戶購買的慾望，並判斷客戶是否打算購買。

像「請利用機會購買看看」這類締結語，應善加利用。

以我來說，我對客戶的訴求，都會使用如下具體的締結語：

①「請利用機會嚐試看看！」「這是一個難得的機會，請試試看！」

②「這對你很有必要，而且是愈早買愈好。」

③「你要膚色或粉紅色的？」

④「要現金付清或使用信用卡？」

⑤「你的電話是……」一面說，一面記錄在申請書上。

⑥「能不能借用你的印章？」

⑦「決定交貨日期、交貨場所」──「貨品是不是直接送到你府上？」

⑧「決定商品的機型、種類和數量」──「只要兩部AK—2型就好了嗎？」

使用商談締結語最困難的，就是如何掌握最恰當時機並利用機會說出來。

記住：締結失敗大多是因爲喪失勇氣和時機所引起。

8 要勇敢去確信，並加以締結（closing）——讓客戶決定，並獲得滿足感

推銷員應好好地接近有心購買的客戶，不但要熱心推銷商品，還要留給他們良好的印象，如果沒有好好進行商談的締結，過去的努力與準備無異於白費。推銷員雖不是演說專家及廣告宣傳人員，但和可望成交的客戶見面，仍應爲完成一次成功的締結全力以赴。通常頂尖推銷員和一般推銷員的差異，即在締結技巧上的高明與否。

A先生生性聰明、口才極佳，人長得英俊瀟灑，穿著非常講究，並且又畢業於一流大學，幾乎稱得上十全十美，但他的業績卻常在標準以下。原因是A先生在必須進行締結時，表現得過於膽怯、猶豫所致。

進行締結最重要的就是把握機會，何種時機才是最佳呢？則應視對方的心理狀況而定。有時太勉強、壓迫對方，會使其產生反感；但有時又須稍加壓力、不斷地推銷，才能堅定對方購買的決心。

要把握締結的機會，必須反覆使用前曾提及的「請利用機會」或「這是一個難得的機會」二

請利用機會
這是難得的機會
請利用機會
這是難得的機會

句話，然後觀察對方的反應，再以有力而自信的口吻說：「請你安心，我會全權負責！」

B先生是S汽車推銷公司的頂尖推銷員，他所銷售高級轎車的目錄印刷相當精美，通常B先生在說明一頁後，會告訴客戶：「這部車子不錯！難道不想試坐看看嗎？」待介紹完第二頁，又重複該句話，一直到最後一頁，他仍不斷地進行商談締結。

想達到推銷的目的，就必須提起勇氣去進行締結，因爲客戶雖有心購買商品，卻常會產生困惑，爲消除他的困惑，並促使他下決定，便需進行締結。

締結時要注意如下事項：

(1)必須反覆進行幾次。
(2)必須有保持沈默的勇氣。當客戶沈默時，你也不要再繼續說下去。
(3)態度不要過於高興、得意，也不要說得太多。
(4)仔細記錄和客戶約定的事項、條件。
(5)確認契約內容。
(6)文件有不妥當之處，應立即更改。
(7)應在客戶面前點清訂金和預約金額，並記得開收據。
(8)鄭重道謝，然後懇切的要求對方好好珍惜商品，使商品維持較長的壽命。
(9)儘量提早告別。

⑽勿說些無關緊要的話。

總之，要讓對方認爲值得購買，並獲得成交的滿足感。

9 若雙方發生爭執，記得收清款項——不收帳，推銷就無意義

「不收帳，推銷就無意義！」的確，推銷是等收回所有的貸款才算告一段落，如果只給客戶商品而不收帳，就不能稱爲推銷。要有「不論如何，都要收回商品的款項」的責任感。

我們觀察無法收回商品貸款的推銷員可發現，他們大多缺乏「必須全部收回銷售的商品款項」的觀念，所以，一到每月的付款日期，總無法依規定向客戶收錢。

在商場上，買方和賣方的立場是對等的。買方（客戶）是認爲商品值得才買，並非廠商免費贈送；賣方（推銷員）也別忘記，你是由客戶購買的商品款項中獲得手續費和薪水，並以此維生的。客戶既然購買物品，就有付款的義務，推銷員即須按時去收款。有些客戶到付款日期，會藉故向推銷員抗議或挑毛病，以便延長付款日或討價還價，這些都是缺乏商業道德的作法。

我常聽商人們談起：「作生意時可以討價還價，但決定購買後則應付清款項。」商品是雙方同意買賣才成交的，所以，推銷員應按時去收款；若對方故意挑毛病、大聲指責，甚或引起爭執，更應收回所有款項。

不過，最近的收款方式，已由推銷員直接向客戶收款的慣例，改爲自動滙款、郵政劃撥及簽信用卡的方式，使得推銷員收款的概念日薄，責任感也愈益低落。

如今，使用信用卡和郵政劃撥已成爲時代潮流的趨勢，各位應善加利用；在交易或談到付款注意事項時，也必須向客戶特別說明。

「先生，請你以信用卡分期付款，這樣比較方便！」

「哦！是嗎?!那麼年利息多少呢？是不是利用殘債（Add on system）的方式呢？」

「對不起！我不太清楚，等我問明後再告訴你！」

我經常聽到這樣的對話。

其實，每一位購買商品，願意付清所有款項的顧客，都會詳細了解付款的方式以及利息的算法，各位務必記住這點。

10　把客戶當作終生之友——要常提供周詳的售後服務或親切的問候

在國內衆多的人口中，能經由訪問推銷而認識客戶，也算有緣。故對於曾有過交易，非常信任你和商品品質的客戶，不應只在進行一次交易後，即疏遠對方。

我剛開始當推銷員時，曾由M公司S董事長那兒獲得如下深刻的教誨：

「將推銷比喻為學校——

只會推銷商品，是屬於幼稚園孩童的程度；

除了推銷商品，還能收帳的是小學生程度；

會推銷商品、能收帳，又能得到繼續交易機會的，可算是國中生程度；

可把經由交易認識的關係，提升為私人友好的關係，已達到高中生程度；

如果銷售的商品能帶給客戶利益，則可算是大學生程度；

讓透過交易認識的客戶，成為你終生的師長或朋友，你才有資格當社會人，因為推銷工作是學無止境的。」

的確，推銷是門深奧的學問，只靠一張嘴來推銷商品的時代已結束了。現代客戶較重視「可靠」與「信賴」的服務精神，也就是雙方心靈上的溝通，而不會向不負責或不守信用的推銷員購買商品。

售後服務分為兩種，一是精神上的服務（他是個親切、熱誠又有高尚人格的推銷員，幸好是向他購買，我才能放心）；另一是對商品的服務（修理、調換、詢問需求和問候）。

售後服務有下列幾種方法：

(1) 確認有沒有按照契約提供商品、服務及工程。

(2) 確認客戶使用後是否滿意或抱怨。

(3)若客戶抱怨時，應儘速處理。

(4)好好向客戶指導商品的使用、利用、維護和保存方法。

(5)提供新商品或業界等消息，並時常問候客戶。

在商品交貨一個禮拜之內，必須向客戶問候並確認：「商品使用後有沒有缺點？」一個月後再拜訪客戶：「是不是很値得？有沒有好好使用呢？」等，或者以電話連絡客戶也可以，只要培養此一良好習慣，便能成爲頂尖推銷員。

第三章
推銷如何獲得成功
——推銷必須富有人情味

1 要經常關心客戶——人最關心自己

推銷員應經常去關懷客戶，了解客戶的興趣和關心之事。

通常客戶是爲了過更充實美滿的生活，才會購買商品，並非爲了讓製造廠和銷售公司賺錢，或捧推銷員的場。推銷員要擁有「讓客戶過得更充實、更舒暢」的觀念，方爲眞正的企業經營與促銷活動。

D・卡耐基曾說過：「人一生都在爲自己著想。」所以，一聽到別人讚美：「你很瀟灑！」或「妳很漂亮！」時，常會喜不自勝！相反地，如果聽到別人批評：「你眞笨！一點也不瀟灑！」或「你長得好醜！」時，便會生氣。這是人之常情。

我告訴各位「人最關心自己」這項事實，就是讓各位知道，去關心客戶並以客戶爲中心是多麼重要的事。

所謂推銷即了解客戶的需求與期望，並加以對應。當推銷員的基本條件就是，耐心地去了解客戶，使其產生共鳴，然後以具體的語言和行動表現誠意。

例如有種「催眠交易法」，即租借一特定會場，每天專車接送老人到此，送他們禮物（蛋、衞生紙、清潔劑和茶杯等體積較大的禮品）並說：「今天來到這裡的客人，我們都免費贈送××

東西，這是我們特別爲你作的服務。」然後便開始銷售高價格產品。據說T公司的M女推銷員，在整整二個月期間，每隔一天就送花給孤獨的老人。這是利用老人寂莫，想找個伴或傾聽對象的心理所進行的推銷方法，也是表示關心對方最有效的方法。

其實，成功的推銷員並非利用欺騙或欺負弱者的手段達到目的，而是在負責地區作紮根的工作，以便獲得客戶的信賴及安心。畢竟大多數的人都是爲追求自己的幸福而奮鬥，也始終認爲自己比任何人都來得重要，這就是人的本性。

推銷員主要的工作，就是儘量滿足人們本能的慾求。所以，必須多去了解客戶關心之事。由於年齡、立場、經濟狀況各不相同，一般客戶較注意有關健康、教育、住宅、利潤、旅行和購物等事項。例如，公司老板最關心的是如何賺取利潤；上班族最關切的莫過於自己能否在同事中脫穎而出，或受到公司的賞識；女性最希望的不外乎被別人讚美等。

爲了熟知對方所關心的事，推銷員應了解對方的興趣，並由衷地關心對方。

2　儘量讚美對方——人都渴望受到「關心」和「體貼」

對客戶的關懷、體貼之心，應在日常推銷活動中具體表現出來。首先，需注意如下兩點：

(1)要專心傾聽對方所說的話。

(2)要讚美對方（讚美表示接受對方）。

既然推銷員應儘量去認識並接觸更多的人，為了留給對方良好的印象，讓對方接受你，就應善加利用讚美詞。耐心傾聽對方所說的話，充分表現承認、肯定和接受對方的態度，並努力發現對方的優點，加以讚美。

應讚美對方什麼優點呢？

＜**女性**＞愛美是女人的天性，你可以稱讚她：「妳好漂亮！好年輕！」然後再讚美配戴在她身上的飾物（戒指、服裝、項鍊、耳環），或身材、頭髮、皮膚、五官和玉腿等。

＜**男性**＞「你不但有男性氣概，也充滿了活力。」「這公司好有氣派！」「員工都很勤奮工作。」「你畢業於一流學校，眞了不起！」或「你住在這裡較好。」等。可以對方的公司、工作、住宅、家人、出生地、畢業學校或嗜好等爲話題，加以讚美。

＜**老人**＞老人們大多喜歡懷念過去，常渴望別人能傾聽自己敍述過去的功績、失敗或甘苦談。所以，你應專心聽他說話，並點頭說：「哦？是嗎？老先生！辛苦你了！」也可以他的孫子爲話題：「你有幾個孫子？一定非常可愛！」「是不是又活潑又調皮呢？」等，表示你的關心。

D·卡耐基曾在『如何用人』一書上寫著：

「不要只懂得激勵對方，讓我們提起幹勁和勇氣去讚美對方。」

我們應勇敢大方地讚美你周遭的人，包括你的同事、上司和家人。

3 熱心聽對方說話——不能當個好聽衆，就無法受歡迎

有些人口才極佳，有些人則否；同樣地，有些人能成爲好的聽衆，有些人則無法做到。

根據我的經驗，要成爲好的聽衆有幾種方式，但共同的認知就是，聽者應表現熱心傾聽的態度才行。

當自己正在說話時，若聽者表示：「我已完全了解你說的話了。」未說完就被打岔，或是一副嗤之以鼻的態度，一定會感到很掃興。

「你盡講些無聊的話，認爲這就很稀奇！」

「你以前就已經說過，只不過和現在說的略有不同；我早就知道，你不必再說了！」

像這樣受到壓迫或反駁，心裡很不愉快的經驗，相信你也曾有過。這種態度不僅無法讓說者欣然接受你，對方也同樣不會去同意或聽取你的意見。

所謂好的聽衆，就是讓說者盡情談話，並製造使對方易於開口的氣氛。

好聽衆必須採取下列幾種態度：

(1)要表現很認眞、熱心傾聽對方說話的態度。

(2)勿和對方搶話，應始終保持想聽對方說話的態度。

(3)對方說話時，應一邊思考、一邊注意並整理對方的論點。

(4)同意對方說的話（例如點頭說：「原來如此！我知道了！」「哦！原來是這樣啊！」等），表示你很認眞傾聽；避免作無意義、機械性的點頭。

(5)記錄對方說話的要點。

或許有些推銷員認爲只要默默傾聽對方說話，並點頭示意即可，這是錯誤的想法，因爲你還是沒有充分表現出熱心聽對方說話的態度。

由於工作上的關係，我常應邀到各地演講，但我不會因此喪失傾聽對方說話的態度。同樣地，和一位好聽衆談話，心裡非常愉快，也較容易忘記時間的流逝。

4 應細心對待客戶——消除對方的不安感，留下好印象

不論上午、下午，只要是拜訪一般的家庭，十個客戶中便有九位是女性。作家庭訪問和女性客戶對應的注意事項如下：

(1)需採取低姿勢。

(2)站在對方旁邊或斜前方說話，切勿站在對方面前。

(3)一走進大門，勿馬上關門。

(4)站在門口時，推銷員應露出全身，勿由門縫探頭進去。

(5)在說明資料或目錄時，手掌應朝下，可給對方較親切的印象。

第一次拜訪時，記得先敲門或按門鈴；想要走入屋內和對方談話幾乎不可能。

「叮咚！叮咚！」「砰！砰！砰！」

「誰呀？」

「我是×銀行分行的A××，今天是專程來拜訪你！」

「有什麼事嗎？」

「我想跟你談談有關存款的問題。」

「不用了！我們已存在別家銀行了！」

這樣的拜訪方式，多半只是談談話即告結束。但若能反覆運用幾次，十個家庭中，必有二、三家會讓你走進門內說話。

要儘量排除出來迎接你的女性之恐懼感，並讓對方注意你說的話，這就是推銷的第一道關卡。推銷員的一舉一動應在對方的視線範圍內，對方才會安心。同時，記得走到對方身旁說句：「抱歉！」

像這樣時常關懷對方或替對方設想，必能使對方產生好感。臨時或第一次拜訪的成交可能性非常渺小，最重要的是留下良好的印象，以便得到第二次拜訪的機會。

5 以身體語言表達你的誠意——勿只憑嘴巴說話，應同時展現熱誠和魄力

說話的重點不在嘴巴，應利用身體來表現你的熱誠與魄力。

(1)訪問前要準備周詳，先了解對方的困難，設想若是自己會怎麼辦？自己的推銷重點是什麼？

(2)你的推銷重點對對方有何好處？

(3)緩慢、反覆地說明推銷重點。

(4)為使對方能清楚了解推銷重點，需先備好資料（交貨實績表、優點比較分析表、估價單等）。

(5)用語言說明自己的經驗，待對方進入情況時，即使是握拳敲擊桌子或趨身向前也無所謂。

十幾年前，我應邀為中小企業經營研習會演講，由於是第一次經驗，事先便請教前輩們「該如何說才好」的問題，也看了幾本相關書籍，但仍無法決定要以何種方法表達。經過長久的煩惱與思考後，方悟出「一直考慮要如何表達，或怎樣才不會出洋相的想法」是錯的。其實，只要以語言和身體的動作適時表達自己的經驗即可，最重要的是讓與會的經營者能下定決心：「回去後，我立刻實行！」

於是，我便整理出一般中小企業經營者感到困擾的問題，同時，也整理好「如果是我，會如何處理」的要點。原以爲已準備妥當，不料當天一上台，就開始緊張、發抖，全身直冒冷汗，直到現在仍記憶猶新。這雖已是十多年前的往事，我仍時常警戒自己要記住那次難忘的經驗。

Y先生是T汽車公司的推銷員，三十四歲，高中畢業後，當過汽車維修人員，後來該公司爲強化銷售能力，便在他二十七歲那年，轉調他爲推銷員，最初二、三年的業績並不理想，但約從三年前起，即成爲頂尖推銷員，一年可賣出一百三十部汽車。

Y先生說：「我是維修人員出身的，不太會說話，但是每當我去拜訪客戶，總會全力以赴，並且不忘準備建議資料讓客戶了解，我不是靠口才取勝的。當然啦！以前也曾提供過很差的資料，所以，也嚐試過失敗的滋味！」

Y先生能有今天的成就，可說都是憑著自己的勇氣、膽量與自信，從屢次失敗中歷練而來的。

6　請客戶介紹另一個客戶——獲得客戶的信任最重要

爲了讓客戶介紹他認識的人，成爲你的新客戶：

(1)必須和客戶保持良好的人際關係，誠懇地對應客戶的要求與委託，信守諾言，培養高尚的

人格。

(2)讓客戶信任推銷的商品和提供的技術。

(3)透過(1)(2)，使客戶獲得滿足感。

此爲必備的三大要素。

推銷時，客戶常會問：「在這附近！到底是哪家公司？究竟有沒有人買呢？」或「你們有沒有實際業績？」等，這樣的詢問表示客戶已開始關心或有心購買商品，只因爲無法決定，尚對商品、公司或推銷員感到迷惑罷了！

所以，推銷員必將交貨實績的名單整理給客戶，或讓客戶聽聽曾交易者的評價等等。總之，要拿出直接的證據。另外，別忘了送份禮物給老客戶並向他們致謝。

一個不高明的推銷員，則會說：「董事長，請介紹客戶給我！」「太太！能不能替我介紹附近的熟人？」像這樣子詢問客戶，實在很沒有禮貌！應該說：「董事長，請替我介紹一位你最親近的朋友！」或「太太！藉這個機會，請幫我介紹附近你最親近的人！」

每個人或多或少都有知心的朋友，並且人到某一年紀後，行事會更爲謹慎；所以，當老客戶替你介紹新客戶時，爲避免你冒犯他的朋友，通常只願作簡單介紹。如果他對你說：「你可以到××先生家試試看！我先替你打電話！」就表示他相當信賴你。

記住！和一位客戶成交後，只要請他介紹一個人：「能不能介紹附近你最熟悉的人？」

7 記住客戶的臉孔、名字和特徵——好好利用名片

我的朋友U先生服務於廣播出版協會，我們是大學同學，畢業後，受到他很多的照顧，也從他那兒學到很多事情。現在舉出他本身的一個例子。

他是個輕易便能記得別人名字、臉孔的人，他經常使用一獨特的「名片活用法」。

有一天，我見著他說：「U先生，你西裝兩個衣袋怎麼鼓鼓的？是不是裝了很多錢準備請客呀？」

「胡說八道！衣袋裝的是這個月我所認識客戶的名片！由於工作上的關係，常需接觸很多人，但只見一次面，實在很難記住對方的臉孔及姓名，所以，在互換名片後，我便將它放在衣袋隨

身攜帶。等車、喝茶、泡咖啡廳或到餐廳吃飯時，就抽空看看，這時，對方的臉孔、特徵或和對方談話的情形，便一一浮現在眼前，有時還會忍不住會心一笑呢！」

「原來如此！那你的名片不是容易弄髒了嗎？」

「是的！隨身攜帶一個月，經常放進、拿出的，當然會弄髒！」

他總是這麼有心地隨身攜帶著名片，時常看著名片，回憶和他人談話的情景，如此反覆幾次，就能記住對方的臉孔、姓名和特徵。此即他記住別人的要訣。

以我而言，每當我和對方交換名片後，便會立刻走到外頭，在名片上寫下：

・見面的時間　・年齡　・出生地　・畢業學校　・興趣　・現在住址　・家人　・其他

爲使對方由談話中逐一說出上述事項，一次只要問問他二、三個項目即可。另外，我又實行另一個方法，那就是在談話中，反覆叫對方的名字十次以上。

「×先生，關於這個問題，我的看法是這樣的。」

「×先生，今天打擾你了！我下個禮拜二上午十點再來拜訪。」

和對方交談時，到底應叫對方幾次名字，由你自行決定。唯有記下對方的特徵，反覆回想數次，才能熟記對方的臉孔與姓名；若是很尷尬的說：「我忘了你的名字！」不僅失禮，還會讓對方覺得：「連我的名字也不知道！」因而對你產生反感。

8 和客戶共享喜悅、悲傷——喜慶喪弔都要交際

我一直很感謝過去曾幫助、鼓勵我的人，由於他們熱心的幫忙，我才能順利的升上經營顧問，畢竟一個人的力量有限，惟有借助別人一臂之力，才能完成大事。

人生的往來交際約可分爲：學校裡的交際（師長、朋友、同學）和社會上的交際（前輩、上司、同事、客戶）兩種。

我能平步青雲的升上經營顧問，受K銀行Y總經理的幫忙最多。

一九七八年四月，當時尙擔任業務經理的Y先生，曾委託我負責各分行業務部四十名職員的業務指導。那時候，我只是一家大型經營公司的推銷員，並也負責向人推薦經營顧問的研習會或指導會，我還記得當時一年的指導費用是五百萬元。

由於這次工作上的機緣，從此和Y先生便成了好朋友，既是我的師長也是恩人，我一直很尊敬他。他非常重視人際關係和人情世故；在工作上，全力追求合理化經營，也擁有比別人更堅強的毅力去達成業務目標，更可貴的是，他自我管理非常嚴格。

不論是客戶、司機或公司員工，Y先生都一視同仁，每當有人婚嫁喪弔時，他總會陪侍在旁；一聽說有人生病住院，不管是在他所居住的市區，或別的城市、鄉鎭，他都會前去探病。

「我每月領的薪水，大多用於這方面。」

在目前標榜貨物出售便不負責和逃避自己義務的社會裡，我們應多多學習注重人際關係的Y先生。

推銷員更不例外，更應和客戶共度歡喜和悲傷才對。

有位服務於建築公司的推銷員，平日非常勤於拜訪客戶，但每當客戶的家屬住院或去世時，他卻一點也不關心。我曾請他的客戶替他介紹新朋友，不僅無法如願，還讓人覺得他很沒有人情味，連帶也不信任他們公司的指導制度。所以請記住！推銷員的言行舉動，都會影響到外人對該公司的評價。

9 要勤動筆——客戶卡、日報表和預定表是推銷員的生命

推銷員按時記錄日常的活動，或提出書面報告等種種方式，各公司各有不同的規定。不過，能徹底實行並切實遵守規定的推銷員不多。原因之一是有些推銷員不喜歡寫字；另一為業務經理過於忙碌，疏於督導部屬的行動和責任。

其實，推銷員能按時記錄自己的行動，和客戶對談的內容及擬定行動計劃，還是對自己有益，非要上司命令你「寫」或「提出報告」才做者，就難以成為優秀的推銷員。希望每位推銷員都

能明瞭，作記錄、寫報告是開創光明前途的重要步驟。

根據我的經驗，推銷員每天必須寫的文件如下：

(1)**客戶卡**　是推銷員和客戶的商談記錄，也是客戶的資料卡。要詳加記錄客戶的出生地、生日、住址、家屬、電話和興趣等資料，然後寫在日報表（推銷日誌）上。

(2)**一週行動計劃（訪問、面談計劃）表**　即詳細計劃時間和行動之意。只有謹愼細心地作行動計劃，才能事先和客戶約好見面時間，及考慮見面時的談話內容，並建立資料。

(3)**新客戶一覽表和約定事項一覽表**　擬定行動計劃時，需視狀況決定工作的優先順序。包括電話連絡、郵寄估價單或和工廠、工作現場的商談等。

(4)**謝函**　不論面談是否順利，都應寄謝函給客戶，表示你對他的感激之心。

以上四項必須徹底實行。

我認識某升學補習班的經營者K先生（學生一千五百名，教師二十五名），他不但是老板也是優秀的推銷員。每當他要來拜訪我時，一定會事先打電話預約；商談後幾天，也必定會收到他的謝函。雖然他相當忙碌，但從不忘寄謝函給客戶，即使外出旅行也不例外。

10　Chain of why的構想——勿說銷售不出的理由

「營業就是 Chain of why 。」

「T先生！這是什麼意思？」

「哦！你不知道嗎？我寫下來你就知道了！」

這是我四年前到南部一個朋友T的家和他的談話。

T先生是一家電機公司的董事長，他和我談話時，提到 Chain of why 這句話，並寫給我看。

所謂 Chain of why 即不斷地質疑形成「爲何的鎖鏈」，也就是不斷地存有「爲什麼？爲什麼？爲什麼？」的疑問，就像鎖鏈般連結不斷。

反過來說，若是不好的構想，便會產生不良的結果。所以，絕不可隨意說出無法銷售的理由，如果經常說：「因爲……才無法作到。」「因爲……才賣不出去。」或「因爲……才徒勞無功。」等頹喪、放棄的話，你的人生必註定失敗，也會淪落爲沒出息的推銷員。

推銷最重要的是要具有挑戰精神，時時想著：「沒有其他方法了嗎？有沒有其他的手段？或者別的捷徑？」始終保有信心和耐心，絕不放棄，一直到成功爲止。

我常在研習會中對與會的學員們說：「不要抱怨或辯解賣不出商品的原因，也不要過於失望或責怪別人，應該學習忍受艱苦，人才會成長。」

我以前在無法達到銷售目標時，常會向上司抱怨：「商品不好才賣不出去。」但每次心裡總

WHY
WHY
WHY
WHY

有空虛與寂寞感，待仔細分析心理狀態後，才知是因爲經常脫口說出：「由於……才無法達成。」以逃避現實、推卸責任，不願努力實踐，才會失去發揮自我能力的機會。

明瞭這個事實，我隨即大悟：「他人並沒有錯，這一切都是自己努力不夠！」

人生和推銷都要有一定目標，才能擁有更美好的生活，並且不可隨意放棄目標，應努力向目標挑戰。

推銷工作應不斷地朝更高的目標挑戰才有意義，也才能發揮創造力。勿自限於上司所指示的目標，否則，你每天就會感到無聊與痛苦。

第四章　成功的推銷

——應採取人們喜歡並樂意期待的行動

1 打開心扉，擁有坦率、明朗的性格——能接受他人意見和勸告的人才會進步

以機車製造業聞名於世的日本本田宗一郎先生曾說：「成功是由失敗中不斷的努力獲得。」和「易接受別人忠告、意見的人，是進步最快也最受人喜愛的人。」

被認爲是頂尖推銷員的人，都有⑴開朗、坦率的態度⑵勤勉的精神⑶對客戶非常親切⑷勤於拜訪可望成交的客戶⑸經常閱讀書籍、報紙⑹充分利用電話、寫信等共同的優點。

在S公司（員工四百五十名）機械部門負責推銷機械的M先生，已有八年的經驗，其每年的營業目標是九千六百萬元，每月營業目標是八百萬元，一年的毛利目標是一千二百萬元。他自學校畢業後就服務於S公司，原本渴望分派到貿易部門一展他的外語長才，到世界各地進行商談的工作，但未能如願。

最初，M先生對於擔任的職務和意願相去甚遠非常困擾，但是六個月後，觀念便逐漸改變，他下定決心說：「不論在國內或國外工作，都已無法改變，我應全力以赴才對。」第三年，他就成爲頂尖的推銷員，直到今天仍然非常活躍。

成爲頂尖推銷員的秘訣是什麼呢？

「其實沒什麼秘訣。我只是在三個月期間問客戶：你對機械推銷員有什麼要求？大部份的客

戶都會回答：如果能幫我想出如何降低成本的方案，提供新構想或新市場的資料，那麼無論多忙，我都樂意見他。所以，我希望有一位能提供良好構想，同時，又願意幫忙我的推銷員。」

「哦！是嗎？那你是爲了調查客戶才去拜訪的嗎？」

「我曾分析過去推銷員所犯的毛病，結果發現他們大都缺乏新商品的知識，不清楚價格，也無法一一回答客戶的詢問。於是，我便徹底記住商品的規格、材料和價格，待訪問推銷時，就能順利回答客戶的問題；有時候禮拜天還到圖書館查資料，或者到熟悉廠商的製造工廠學習。」

想知道頂尖推銷員和平庸推銷員間之差距在哪裏嗎？M先生即爲值得參考的一例。

M先生先請教客戶對推銷員有何要求，然後便徹底遵守實行；或許他並不知道本田宗一郎先生說過前述兩句話，但他卻已貫徹其中的精神。

2　答「是的」後，立刻採取行動——人際關係由寒暄開始

(1)有人叫你時，應立刻開朗、大聲地回答。

(2)打招呼要面帶微笑。平常打招呼頂多是說：「早、你好、晚安」「我走了、慢走」「我回來了、你回來了」「我先走了、辛苦你了、好好休息」或「對不起、謝謝你」等。

人際關係雖是經由簡單幾句話開始，但想給人良好的印象，就只這些嗎？

象。

基本上，人際關係是始自寒暄，尤其別人叫你姓名時，更應大聲回答。「××先生！請來一下！」「是的！董事長！有事嗎？」「○○公司的A先生想拜託你一件事……」「是的！有什麼事？」像這樣能開朗、積極採取行動的推銷員，常能留給對方良好的印象。

此外，如果你到專賣店、百貨公司購物或到餐廳吃飯，能讚道：「嗯！好舒適，以後還要再來！」這類能使顧客產生良好印象的店鋪，其店員或服務生的禮貌一定都很週到；假如客人對他們說：「請來一下！我想……」而店員或服務生卻冷冷地回答：「你要什麼？只要這樣而已？」常會使人不悅，相信你我都有過這種經驗。

人是感情的動物，而感情並非建立在道理和理論上，常會因時間、場地的不同互有差異，並且往往深受對方的語言、動作及表情所影響。

服務於某小型銀行的T先生（年齡二十八歲，四年推銷經驗）是一位頂尖推銷員，他可在一年中，勸人投進一千萬的存款。

他推銷的秘訣就是在路上一遇到人便會打招呼：「早安！你好！」在店鋪內見到人即大聲地說：「歡迎光臨！」如果騎脚踏車去拜訪客戶則說：「早安！你好！」如此寒暄的方式已持續到第三年。剛開始，別人都會莫名其妙地想著：「這個人是誰？」但現在別人也會開口說：「T先生！你辛苦了！」

他喜歡騎脚踏車訪問的原因，就是可在路上遇到客戶，藉機和他們打招呼，加上可運動健身，因而樂此不疲。

3 自始至終，態度都要懇切——親密感和黏膩感

拜訪客戶時，一開始應先打招呼：「早！我是A公司的××，平日承蒙你的照顧！」同時，記得作四十五度鞠躬。

和客戶面談結束時，應說：「××先生，今天眞謝謝你！我走了！」再辭別，同樣作四十五度鞠躬，稍停一會兒再抬頭，更能表現誠懇之意。

我和Y產業公司總經理H先生初次見面時，他先向我作四十五度鞠躬，讓我很不好意思。雖然他地位崇高，但在待人接物方面卻非常懇切，至今仍留給我深刻的印象。不論對方是誰、什麼身份，或還有重要的客戶等著他，只要和對方談完後，他一定會送對方到電梯門口，並作四十五度鞠躬，直到門關上爲止。

我親眼目睹那些著名人物這麼有禮貌，深深感覺推銷員也應學習他們良好的態度。

推銷員應主動去親近顧客，但親近和黏膩不同。你認爲對方是你相當親近的客戶，然而，對方是否也如此認爲，就不得而知了。經常會看到有些推銷員和客戶交往一久，便容易忘記對方是

客戶，以至於說話過於隨便和不尊重對方。例如：「你好！我這裏是××銀行，太太！請妳把年終獎金作爲定期存款吧！」或「我這裡是××店，老板要不要〇〇商品？」等。

事實上，商談應視對方情況、場所而定。例如客戶說：「算便宜點！」你可以回答：「我們和其他公司銷售的商品不太一樣，我們的商品品質相當優良。」有些客戶喜歡討價還價，你和他對談時，應注意禮貌，態度要誠懇，不可出口傷人。

敬禮的五種形態

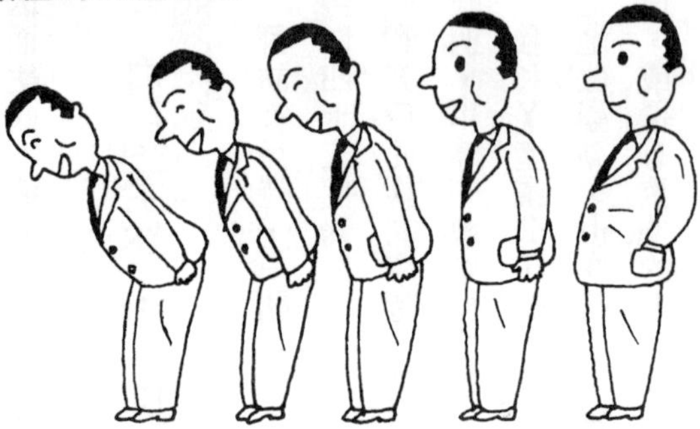

「再怎麼親密也要保持禮節」，推銷員去拜訪客戶或向客戶告別時（不管對方是否購買），都要開朗、微笑地說：「今天眞謝謝你！我改天再來拜訪！」然後作四十五度一鞠躬。

4 儘量早些出發——賴床的人永不會成功

古有明訓「黎明即起」，勿以爲它已不合時宜，其實，依然適用於現代的推銷訪問。

一個賺錢和富有朝氣的公司，上班時間都很早，另外，像頂尖推銷員和工作業績好的人，也都是一大早就去上班。早一點上班，表示自我管理能力極佳，能儘快擬好一天的工作計劃，即早採取行動。

有一家專門推銷不動產的F仲介公司，在這行業中，每月平均能銷售七～八戶，便可稱為頂尖推銷員。在F公司負責銷售的D先生，三十五歲才踏入此行，現為第三年。去年度他共賣出一百零三戶，年收入是四百萬元。D先生自覺是一名推銷員，故不論前一天多晚回家，第二天仍準時八點上班。

現在介紹他熱心工作的情況。他認識住在商店街一個大雜院裡的A先生（父子兩人的家庭），A先生一直想買幢房子，但自認尚無購買能力，正當想放棄時，D先生極力地說服他購買。D先生認為他獨自撫養兒子長大，為了他和兒子的未來，應勸他購買才對，但覺得只單純的說服他無效，故並不只向他說明推銷的重點，同時還考慮到：「嗯！我要像A先生的孩子般經常陪著他。」

於是，便常和他一起到澡堂洗澡。最初，他開口說：「我替你擦洗背部吧！」A先生會拒絕：「不用了！我不敢當！」但四、五次以後，他就樂易接受，同時，也提及撫養兒子的辛苦談或已逝世多年的髮妻。

如今A先生已擁有自己的房子，聽說D先生每隔半年，都會帶著自己妻兒去探望A先生。D先生說：「我希望A先生能度過一個快樂的晚年，期望他的兒子能娶到一位孝順公公的媳婦，我要在A先生有生之年，一直和他維持來往。」

雖然D先生通常很晚才回到家，隔天卻仍比同事早半個鐘頭上班，並且儘量提早去拜訪客戶，這是成爲頂尖推銷員的第一個步驟，也是訪問推銷的必備條件。富蘭克林自傳中曾寫著：「賴床的人不容易長壽，也很難成功。」即是最佳例證。

5 談關於對方的話題——以巧妙的詢問了解對方關心的事

進行推銷時，必須了解對方（新、舊客戶）關心的事，並多談些以對方爲主的話題。如何了解對方所關心的事呢？首先，必須很有技巧地詢問對方，爲達到目的，豐富的知識是學習推銷必備的，至少要熟知如下十三個項目：

＜氣候、季節＞　「××先生，你的出生地○○，現在天氣是不是很炎熱？」或「××先生，你的故鄉○○的山上，現在是不是已開始下雪？」

＜嗜好、興趣＞　要知道對方的興趣，例如釣魚、運動、打牌、下圍棋、象棋、音樂或繪畫等，你可以說：「××先生，前陣子旅行是不是很愉快呢？在那裡可泡溫泉浴，非常舒服，下次有機會讓我同行，好嗎？」

＜新聞、政治、經濟、文化、運動、社會＞　每天看報時，不要只讀娛樂、運動版，應多吸收一般性或經濟性的知識。例如「台弊升值的影響如何？你公司佔有多少的輸出率？」

＜娛樂＞　例如「你今年暑假要到××遊玩，孩子們是不是非常地期待著？」

＜朋友＞「你還常和以前的同學見面嗎？我雖然很想參加，但常因爲太遠而作罷！」

＜家族＞「你有幾個小孩？要考大學了嗎？請代我問候他們。」

＜健康＞「不論什麼時候見到你，你看起來都很健康，是不是因爲經常運動才這樣？我想你在學生時代一定是個運動選手。」

＜酒＞「你喜歡喝酒，最近洋酒已開放進口了。」

＜性＞　這話題較敏感，年輕時最好不要談論，待到達某一年齡，經驗較豐富，則可自然提出。

＜**工作、出生地**＞「你在哪裏高就？哦！那家公司很好，眞叫人羨慕。」「你府上哪裏？哦！那地方很好，我曾去過一次。」

＜**衣服、襯衫、領帶、袖釦、領帶夾、鞋子、手錶**＞「你的領帶很漂亮，是法國貨嗎？」「你的鞋子很好看，一定很貴吧！」

＜**食物**＞「你喜歡吃什麼食物？爲健康著想，要儘量多吃各種營養的食物，但以攝取少量較佳。」

＜**住所**＞「你現在住在哪裏？那地方環境很好。」「這地方大概幾坪？」

6 要站在對方的立場設想——只一通電話，便可獲得對方的信任

「我事先沒有通知對方，對方應能諒解。」像這樣沒有先連絡對方，就採取獨斷的作法，因而使客戶取消原訂的貨品，或受客戶指責的推銷員不少。

要積極向與自己有關的人作報告、連絡和商量的工作，不僅對推銷員很重要，就連在公司工作的上班族也是如此。如果沒有做到，不只會影響工作，有時還會爲「我說過、我沒有說過」或「我聽到、我沒聽到」等爭辯，阻礙了人際關係的發展。

推銷員應常打電話向客戶報告，以便讓客戶信任及安心。

「這是A先生的家嗎？我是N公司的××，今天眞謝謝你！你所訂的商品下禮拜三下午三點可送達……。」僅僅這幾句話，客戶便會認爲：「○先生既親切又可靠。」於是，對他產生很大的信賴感。

有關金融（銀行、證券、保險）方面的推銷業，即以保管客戶重要的錢財爲主要業務，有時因作業上的程序，需把存摺、文件送交客戶，如果你能事先連絡客戶：「S先生，我們在下禮拜一會送回你的存摺，你方便嗎？」大部份的客戶都會說：「不急！不急！什麼時候都可以！」

這類的回答並不代表客戶信賴推銷員，而是信任公司的信譽。假如證券或存摺太晚送還，客

戶會不安地想：「C銀行的B先生可靠嗎？他爲什麼不遵守諾言呢？」大多數的推銷員這時會替自己辯解：「客戶這麼多，我無法一一實踐諾言。」客戶自是不以爲然，如此一來，便容易引起爭執。

以汽車及房屋的推銷爲例。當客戶付清汽車的款項，並獲得印鑑證明書後，就會熱切地等待新車的送達。買房子也是一樣，客戶一家必定都非常期待能住進新居。但許多推銷員並沒有察覺客戶的心境，同時，也不去考慮客戶的立場。

我常在推銷研習會中強調：「推銷員應多站在客戶的立場設想，因爲這等於是讓推銷員代客戶保管，不應讓對方有『到底怎麼了？他何時才會還我呢？』的等待。」

「S先生！我已將你付的訂金交給公司，請放心！今天我會寄收據給你，新車在下禮拜二便能送達府上，敬請期待！」必須隨時打電話向客戶報告狀況才行。

7　遵守約定的事項——利用「6W3H」確認諾言

一位成功的推銷員必能得到客戶的信任，因爲他能遵守和客戶約定的事項。

推銷員應遵守和客戶的約定，並仔細確認約定的內容，無法完成的事不可隨便答應；如果沒有確定約定的內客，必會有「原來不是這樣子！」的悔意。

約定的內容大多是指「金錢」和「時間」而言。

所謂「金錢」是指購買的貨款、零件費，或工程費需繳多少？是一次付清或分期付款的方式？繳款期限多長（確認付款的方式和條件）？

所謂「時間」即交貨日期、工程日數和工程完工日、商品何日何時可送達（確認日期、時間）等。

確認「6W3H」的內容

・Why	爲什麽	目的
・Who	誰（和誰）	人
・When	（至）何時	時間
・What	什麽	對象
・Where	（去）何處	場所
・Which	哪一個	選擇
・How to	用何方法	方法
・How much	多少（成本）	金錢
・How many	多少	數量

⇩

確認約定的內容

⇩

實行約定的事項

⇩

得到客戶的信賴

各位應從現在起立刻確認和客戶的約定，持續實行五年，必定會受到客戶的讚美：「的確是個可靠、遵守諾言的推銷員。」不過請記住：和客戶約定事項時，不可隨意允諾。

假使你沒有勇氣坦誠：「我無法做到。」你可以要求客戶：「先生！請讓我今晚考慮看看，明天再給你答覆！」然後等第二天才說：「先生！你所託之事，我昨晚考慮很久，可能要以××條件才能達成。」如此一來，客戶便能諒解你花費整晚思考的誠意。

在這社會中，不論是頂尖推銷員或一般的成功者，都非常重視信守諾言，也極愼重的處理約定事項的內容。

推銷員處理錢財不可過於隨便，勿把十元、二十元視爲小錢，否則，便無法致大富；尤其經常要保管客戶金錢的更不可輕忽，不然，永遠也無法獲得成功。

不能好好自我管理上述兩項約定內容的推銷員，即使營業額有增長，必定也無法維持長久，反而會愈益降低。所以，和客戶約定事項後，不論如何，都應秉持遵守諾言的原則。

8 嚴格管理自己——要掌握當推銷員才可獲得的喜悅感

推銷員的基本精神就是「站在客戶的立場，說服對方購買有益於他的商品和技術。」

推銷是一門既有趣又高尚的行業，有些人壽保險公司的頂尖推銷員，憑著自己的智慧與努力，一年可獲得數百萬元的報酬。另外，像房屋仲介或汽車推銷業中，也有人年收入爲千萬元以上。

這類頂尖推銷員不僅受到客戶的歡迎，收入也比一流企業的經理、課長多出五～十倍，這是唯有推銷員才能得到的喜悅及樂趣。

自我管理・目標管理表

日	星期	自己的薪資	累計的薪資	銷售費用	累計的費用	營業目標 營業實績	營業累計目標 營業累計實績	毛利目標 毛利實績
1	三							
2	四							
3	五							
4	六							
31	五							
計								

有一次，我應邀參加由某農會學辦的現場銷售研習會，有一學員K先生只花費三天時間，便售出五十七部售價四萬元（含安裝費）的太陽能熱水器。我現仍時常去參加各地的現場銷售研習會，但至今仍無人能打破K先生創下的記錄。

記得當時會議結束後，我曾請教K先生：「你的業績爲什麼這麼好？」他回答說：

「其實，我只是發揮推銷員應有的精神罷了！O先生！你曾在農會教導我們推銷員應具備基本的態度：『推銷員應具備的基本精神就是站在客戶的立場，說服客戶購買有益於他們的商品和技術。』我深信使用太陽能熱水器不僅可節省能源，在完成噴灑農藥或去除雜草等工作後，作簡單地淋浴，更會感覺健康和舒適。所以，我拼命向他們說明商品的優點，以及使用方法是多麼簡單。」

目前K先生仍非常活躍，經常一邊和客戶愉快地聊天，一邊進行推銷。

雖說推銷是一種非常有樂趣的工作，但從另一個角度來看，也是一門艱辛困難且競爭激烈的行業。想要由推銷工作中獲得眞正的樂趣，請利用上面介紹的表格，寫上自己希望得到的報酬，並嚴格地管理自己最重要。

9 行動基準要規則化——士氣低落時，應回憶過去輝煌的銷售業績

從事推銷工作，有時進行相當順利，有時則會陷入士氣低落時期，不論如何地掙扎也無法提高士氣。其實，當推銷員的最初五年裡，不應說出士氣低落的話，只有成爲頂尖推銷員後才能使用。

首次接觸推銷工作，容易感到不安與恐懼，這是每位推銷員必經的關卡。當遇到挫折和障礙時，如何去克服一切，或者自欺欺人、逃避現實，都會影響到往後的推銷工作。

×公司是以企業組織爲對象，專門製造銷售女性服裝的公司（員工五十名）。五年前，S先生和M先生這兩位新進職員，在就職一個月期間，共同接受推銷上的短期進修（推銷員的基本精神：如遞接名片、商品知識等），之後即被任命開始訪問推銷。

最初五、六個月裡，兩人都非常認眞地按公司所給的新客戶名單，並遵守前輩或上司的指示

勤於拜訪客戶。但是努力工作後，得到的訂單或契約卻很少，慢慢地，對自己的商品、公司和上司愈來愈失去信心，也產生職業倦怠感。

由於長期受到客戶的冷落及被櫃台人員拒絕：「你有沒有事先約好？如果沒有，就不能進去！」等，S先生每天很晚才出門，也常待在辦公室消磨時間，所以訪問與面談的次數愈益減少。然而，M先生一踏入公司後，依然積極遵守一天訪問二十家、面談十五次的行動基準，經過五年的努力，他已成爲頂尖的推銷員，S先生則早已辭職。

回顧當時，M先生說：「那時非常缺乏經驗，心裡所想的是短暫期間內，我無法確保能達到符合薪資的營業額，所以，必須遵守訪問戶數和面談次數的行動基準。同時，每天要比同事和上司提早上班，比資深的推銷員早些外出訪問，並且最晚回來，切實達成自己負責的任務。因此，我幾乎走遍這都市的每個角落，大約一年以後，客戶常會請我吃中飯，或者積極向我訂貨。」

當你出現業績不佳時，應像M先生一樣，徹底遵守一天的行動基準，完成自己應盡的任務（訪問戶數、面談件數），如此耐心地持續三年，必能獲得許多可望成交的客戶。

切記！不論士氣如何低落，都不能降低行動基準。

10　要積極生活並勤於走動——消除訪問恐懼症的最佳方法，即獲得更多成功的經驗

爲何會產生訪問恐懼症？訪問恐懼症的原因有：

(1)缺乏勇氣和自信——無法使對方產生良好的印象及儘早得到利潤，心中反而會生愧疚感。

(2)自覺沒有能力——商品知識不足、閱讀不足、計劃準備不足。

(3)缺乏活力——自我嫌惡、缺乏使命感和榮譽心、家庭失和、收入不穩、和上司及同事相處不佳、遭受女性或賭博方面的困擾等。

(4)缺乏體力——容易生病、過度疲勞、宿醉、睡眠不足、飮食沒有規律。

(5)逐漸失去對職業的信心，並感到迷惑。

(6)強烈地排斥對方——因爲沒有解決前次失敗的問題或約定事項，故潛意識中，被迫接受對方不利的條件，例如打折扣、退貨等。

(7)士氣低落——業績不振、對前途感到不安、焦慮。

(8)見到成功者、大人物或地位崇高之人，會產生恐懼感。

(9)對忙碌、擁有豪華住宅或養狗的人所生的恐懼感。

應如何消除不安與恐懼感呢？

我想只要勤於訪問客戶、增加自信心，並獲得更多成功的經驗，便能減少訪問產生的不安和恐懼感。

①勿急於討好對方或留給對方良好的印象，應大方地注視對方，即使被對方嘲笑也不在意。

②必須放棄虛榮心和傲慢的態度。
③對自己的職業要有榮譽心與信念，相信自己對別人或社會有所貢獻。
④注重健康，生活才會幸福美滿。
⑤充分作好訪問前的計劃，多去拜訪客戶。
⑥勿逃避困難，應面對現實並加以解決。
⑦隨時檢討自己的言談、態度和推銷用具。
⑧要仔細訪問負責的地區和客戶，並加以研究。
⑨分析、檢討過去的記錄與資料，擬定行動計劃。
⑩勿擔心可能會有困難的任務，也勿悲觀、失望及自尋煩惱。
⑪下定決心到國外旅行，以便調劑身心。
⑫消除自卑感。

最重要的就是保持積極生活的態度，站在客戶的立場思考和行動。

第五章　連戰皆捷的秘訣

——擬定致勝的計劃，全力集中目標作戰

1 了解客戶所需，推銷知識和效用——說明商品的優點和價值

所謂推銷就是⑴有充分的商品知識⑵告訴客戶你銷售的商品，可提供客戶生活所需（解決問題、有何貢獻）⑶說服客戶購買商品，將可獲得好處。

推銷員應知道客戶「渴望……」或「想作……」；進行滿足客戶慾求（需要）的建議，讓他了解大多數的顧客都不熟悉商品的使用、維護方法和價值，唯有聽從推銷員的說明才能清楚得知。

一般人都有如下潛在性和實在性的需求：

①渴望購屋（二十多歲後半，三、四十歲前半）。
②讓孩子接受良好的教育（補習、音樂、運動）。
③想吃美味又無公害的食物。
④想快樂、有趣的旅行（國內、外）。
⑤想變得更美麗（女性永遠的願望），從頭到脚都裝飾得很漂亮。
⑥想在社會上工作（五十％的家庭主婦都有職業）增加收入，自己也從社會團體中得到充實感。

2 掌握市場的實況和特性——三個月期間，不斷的訪問、調查

推銷環境的變遷

過去（客戶到商店購買）		今後（傳達、教育、說服）
暢銷	⇨	推銷
牽引式推銷	⇨	機械性推銷
以店舖銷售爲主	⇨	無店舖的銷售
機械化、無人化、標準化	⇨	拜訪客戶、比較、選擇
便宜、方便、輕盈	⇨	個性化、高級化
大量生產、大量銷售	⇨	多種類少量生產、銷售
間接銷售	⇨	直接銷售

⑦想獲得更多的紅利或希望股票持續上揚。

⑧健康、長壽（四十歲以後）。

推銷員必須儘量提供能滿足這些需求的知識和資料，假如只單純地銷售商品，不易締造良好的業績。應針對商品所附帶的效用、價值——美、健康、舒適、經濟性、便利性、安全性、耐久性、地位性、不同材料等，配合客戶的需求及慾望，說服他購買。

推銷員需積極地採取行動，同時，也要改變「因爲暢銷才去推銷」的觀念。當百貨公司逐漸重視推銷員，超級市場也開始採用無店舖或郵寄的銷售方式，足以證明以往「在店舖等待客人」的傳統作法，已不能增加營業額的事實。

所以，爲了銷售成功，應站在客戶的立場檢討自己的商品，並思考該用何種方法來說服客戶購買。請你仔細自我確認，有沒有好好地向客戶說明商品的優點和價值。

為能順利地推銷，必須擬定如下精細、周詳的作戰（市場戰略）計劃：

(1)掌握負責市場的實況，包括戶數、公司數、商店數、法人數、人口（年齡別、男女別）、學校和幼稚園所在地的學生人數、平均所得、到何處購物。

(2)市場的特性、競爭對象和一般交易的情況。市場特性＝老人數、夫妻皆有職業的家庭數、小學生人數、租賃或自家住宅數、獨門獨戶數。

(3)掌握公司交易、銷售的狀況，個別檢討客戶的檔案。

(4)明確劃分「攻」與「守」的戰略（請參照下一項），重新檢討地域或客戶、商品。假如一龐大又有潛力的市場，該商品的普及率已超過七十％，競爭對手的市場佔有率也已達七十～八十％，便難以再攻佔該市場。應變更地域、商品，或限定地域、商品或客戶的階層，亦即由廣域改為狹域。

(5)儘量使目標單純化、單一化和明確化。

(6)全力（時間、勞力、知識、資料、金錢）集中目標。就是從早上睡醒到晚上就寢為止，都要有效運用於訪問、寫信、打電話、提出估價單、建立資料和打電報（慶賀、喪葬）。

無法成功的推銷員，大多不了解自己負責地區的實況和客戶分佈的情形。原因是①太缺乏問題意識（和地區的客戶連絡感情、要談什麼話題、何時去拜訪較佳）和目的意識（在某地區或某據點想當頂尖推銷員的意識）②沒有在自己的負責地區多訪問、走動③只拜訪自己易於訪問的特定客戶④不了解每位客戶的狀況（家人數、年齡、工作地點、嗜好、出生地）等。

想成爲頂尖推銷員，必須知道市場的實況和競爭對象，若只是守著老客戶、處理抗議事件或收款，不但無法在競爭中獲勝，可能還會受到競爭對手的攻擊。如果是以公司或法人爲推銷的對象，應了解對方每月、每年的營業額、員工人數、結算月、每月固定的開支、買賣對象、主力銷售的商品、董事長或負責人的經歷、住所和嗜好等。

一位成功的推銷員，須充分掌握市場過去和現在的交易狀況，在三個月期間，認眞地去拜訪老客戶和可望成交的客戶，同時，還要經常攜帶資料回家分析檢討，那麼，自然能熟悉負責地區的一切情形。

3 設定目標——在重點地區對重要客戶銷售主力的商品

當一名推銷員最重要的，就是多去拜訪可望成交的客戶。我再三強調要用各種作戰方法來訪問客戶，現在即爲各位說明：

㈠維持現狀㈡擴大發展。兩者應區分清楚，一三七頁表格，即把原本模糊的概念歸納整理而成圖表。

(1)**限定地區**

你應該先走遍廣大的地區，再限定某區作徹底的拜訪，就很容易親近客戶，但這麼一來，是否會影響到銷售的業績呢？其實，這不過是庸人自擾！因爲在各類商品已相當普及的現代社會中，惟有認眞辛勤地訪問，多和客戶接觸、連絡感情，才能賣得實在，但也仍然不能放棄地區以外，或住在遠方的客戶。

(2)**限定商品**

以往百貨公司和專賣店的經營方式，都是採用限定商品的作法。例如汽車有普通轎車、貨車或卡車等，其排氣量與內部裝潢也可分爲好幾種類，你可以將商品的價格、品質、設計和使用目的分門別類。百貨公司或超級市場銷售的方式，即針對特定的商品作好銷售計劃，然後在預定期間內，大量宣傳並便宜出售以求發展。不過，這種作法現已面臨考驗。

(3)**精選客戶的層次**

在自己負責的地區中，能將商品全部銷售給客戶，是最好不過的了，但這是不可能的事。假如能由自己獲得的或前輩持有的客戶名單中，仔細分析客戶的年齡、性別、家人數、收入，以及使用目的等的傾向値，就能發揮此一特性。

以上所說的限定地區、商品和客戶的層次，對於後面所要敍述的「ＡＢＣ分析法」極有關連。

所謂限定，就是在重點地區對重要客戶銷售主力的商品。Y先生剛從事汽車推銷工作時，專門向開業的醫生銷售，結果獲得成功。某醫生曾告訴Y先生，他非常重視同學的關係，例如「我畢業於〇〇大學」或「我是××老師的學生」等，具有強烈的同窗意識；醫生之間更會相互介紹，形成一股強大的力量。最初Y先生並不了解這點，直到從實際拜訪中，才發現醫生們會相互介紹的情形，也因而擴展了他的銷售範圍。

訂立明確的目標

	維持現狀	推銷目標	推銷的行動計劃
地　　區			
商　　品			
客戶層次			

4　全力攻擊目標——攻擊是最佳的防禦

成功的推銷員通常都以重點地區、重點商品和重要客戶爲主要目標，全力攻擊，不斷地進行訪問，同時，也相當重視時間和自我管理。

要成爲成功推銷員的條件之一，就是集中全部力量採取行動，那麼，短期內即可達到預定的目標，並因此產生自信心。所以，集中攻擊在競爭上便成爲致勝的重要關鍵。

「攻擊是最佳的防禦」，就是強調攻擊的集中性。如果你要防禦敵人的侵犯，使敵人不易辨識由何處進攻最佳，便須分散敵人的力量，亦即削減敵

人的力量。推銷工作也是一樣，想在競爭市場上獲勝，目標要儘量單純、明確和單一化。推銷工作可謂市場的第一線，致勝的關鍵就在於目標的確立，你的行動目標若過於複雜，失敗率也較高。

無法成功的推銷員大多缺乏攻擊重點的想法，對一切事情皆主張採用發生主義。所謂發生主義，即整天為上司跑腿、打雜，和受客戶委託的事項忙得不可開交之意。

一旦訂有攻擊目標，對於列為目標的客戶，每天早晚都要去拜訪，一直到客戶對你說：「你怎麼天天都來呢？這樣不僅無濟於事，還會打擾我，請回去吧！」的程度才行，千萬不要害怕！

一般人都不希望留給對方不好的印象，因此便沒有徹底去實行此事，甚至還會替自己辯護：「這麼早去拜訪，對方會厭惡的！」或認為現在打電話問客戶：「你決定買了嗎？」還太早，便不敢去拜訪客戶。

我以前曾和某產業公司的推銷員一起去推銷商品，當我問他：「這個月推銷的商品是什麼？」他立刻回答：「〇〇商品。」我再問：「那你要坐什麼車去呢？」他示意要坐卡車，但往車內一瞧，卻沒有看見任何物品。我隨即告訴他：「你應該把銷售商品放在車內展示給客戶們看，也才能教他們使用的方法。」他接受了我的建議。結果，僅僅花費一天的時間，商品便賣出一大半。

因此，一決定重點目標即須徹底實行，這點相當重要，請務必牢記！

5 透過實績資料來分析掌握銷售實況——活用ＡＢＣ分析法

我擔任推銷指導時，必定會進行「ＡＢＣ分析」；要擴展銷售業績時，也必定會先分析並掌握過去和現在的銷售狀況。例如，地區、客戶、商品和實際銷售量怎樣？是否具有成長性？對這些問題，我們必須冷靜、客觀地判斷，並針對地域別、商品種類及客戶階層進行ＡＢＣ的分析。同時，也要研究ＡＢＣ三級的因應對策，決定標的。

現在把ＡＢＣ三級的順序列舉如下：

(1)在一定期間（過去三年中，區分為一年或半年）內，按銷售量的大小排列。

(2)標示營業額的曲線圖。

(3)決定ＡＢＣ的基準。一般基準如下，須由自己決定：

・Ａ級佔全部營業額的六十～八十％。

・Ｂ級佔全部營業額的二十～四十％。

・Ｃ級佔全部營業額的十～二十％。

(4)應用下頁調查表的資料來完成，只要在客戶名單上，把商品種類換成區域別即可。

所謂ＡＢＣ分析，即指重要程度的分析。我們從表上可以得知，現在和過去佔有七十％的營

業額，是由限定的地區、限定的商品和一部份的客戶所構成，此爲決定標的、對策相當方便的作

○○年度客戶營業額調查表

順位	客戶名單	一年營業額	累計額	累計比率	ABC級數
1	O				A級
2	B				
3	Y				
4	G				B級
5	A				
6	D				
7	H				C級
8	C				
9	N				
10	T				
11	F				

客戶營業額分布的ABC分析圖

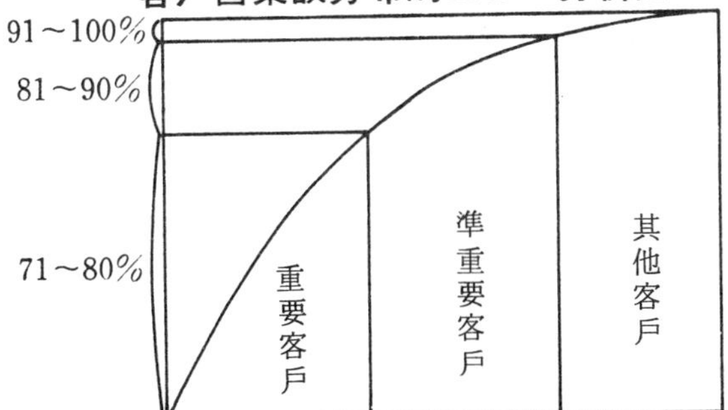

法。只要靈活應用這個方法，就能充分掌握自己的能力、客戶分布的區域狀況和商品類別的營業額。

我們由標示營業額的曲線圖表中便能清楚得知，縱軸代表累計的營業額或累計的比率，橫軸代表各要件的項目（如區域別、商品別、客戶別），只要畫成簡要的座標圖即可。例如S公司（一年營業額三億，員工一百名，專門

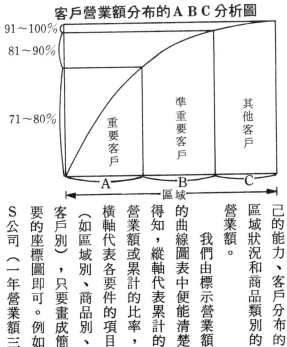

過去三年客戶的營業額

	客戶名單	○年度的營業額	構成比例	○年度的營業額	構成比例	○年度的營業額	構成比例
1							
2							
3							
4							
計			100％		100％		100％

銷售產業機械）的K先生從已辭職的前任推銷員那兒，承接一百三十位客戶的名單時，立刻針對公司過去三年內的客戶名單和營業狀況，進行分析。

K先生在進行ABC分析的過程中，也會產生各種疑問。例如三年前，M客戶每月訂貨都超過二十萬，一年的訂貨金額接近二百四十萬，爲何現在的訂貨量卻急遽減少？又如Y客戶三年前尚屬於A級客戶，但現在每年的訂貨卻降到六十萬元等。

於是，他向上司請教自己分析的疑問，卻得不到清楚的答覆，只好留下前任推銷員的營業日報表，並針對客戶訪問的次數進行分析。結果發現那位推銷員對於無意購買的客戶，即逐漸減少訪問的次數；甚至在最近一年裡，都不曾去拜訪過該客戶。K先生一直想找出其中的原因，但前任推銷員所留的日報表中並未記載失敗的原因，他因此決定將過去三年的訂貨情況作成表格，同時一一去訪問以前的客戶。

「謝謝你！前任推銷員承蒙你的照顧，我今天來是想請問貴公司的訂貨量爲什麼一年比一年減少呢（一邊說，一邊提示訂貨的統計表）？」

這樣直截了當地問客戶，客戶一定會提出種種理由，這時，K先生就把它整理成幾點：

①不遵守和客戶的約定（交貨、提供資料等）。

②由疏忽造成的錯誤（送錯貨品、技術性的疏忽、尺寸的錯誤）。

③敗給其他競爭的公司（價格、技術、交貨）。

④因①～③的因素逐漸疏遠客戶，最後便不再拜訪。

⑤推銷經營退步，生產設備停止。

⑥破產或休業。

就這些原因，K先生作了如下的分類：

(A)推銷員個人可解決的原因——①、②、④

(B)需要其他部門有關人員協助的原因——②、③

(c)必經過公司政策來解決的原因——③、⑤

原因分析的順序是：現狀的時機分析→爲何變成此因的分析→以自己的判斷加以質詢、確定→自己選擇重要的客戶，如「必須掌握的客戶」和「須攻擊的客戶」。K先生遵從這些分析順序努力進行一年後，結果全年業績是前任推銷員的兩倍。

6　確立訪問的目的——作成路線圖

一個成功的推銷員，必須具備戰略的眼光。所謂戰略的眼光，即了解什麼是說服客戶的重點，並能積極地搜集新、舊客戶的資料，進而得知對方的興趣、嗜好和家庭狀況，同時，也能迅速提供對對方有利的資料，以便易於推銷。

通常有益和具備參考價值的資料，是由人們相互傳達得知的，故你必須親自去拜訪客戶，才能得到較有價值及有益的資料。但並不表示大衆媒體所提供的資料就毫無價值，而是大衆媒體的資料都是由大衆的觀點來傳達，容易形成話題，眞正能讓客戶感覺與切身有關的資料則較少。

成功的推銷員能擁有讓新客戶感興趣的話題和資料，因爲他們是有目的的去拜訪每位客戶。不論喜好或厭惡，都要經常拜訪，有訪問的目的就會產生問題意識。

所謂問題意識即「考慮使用何種方法，才能讓新、舊客戶感興趣的意識。」例如「關於這點，我的朋友××先生最清楚不過，你不妨請教他！我先替你打電話給他！」像這樣能積極提供有利的消息才行。

懂得搜集情報的推銷員和不高明的推銷員間的差距即在此。不高明的推銷員只會作無目的的訪問，例如說：「我剛好經過這附近，順便來看看你，有沒有需要我服務的地方？」或「要不要再訂貨？」等。

高明的推銷員則會告訴客戶：「我今天是特地來問候你，並且想請教有關××的問題。」積極想獲得客戶的資料。

地　圖

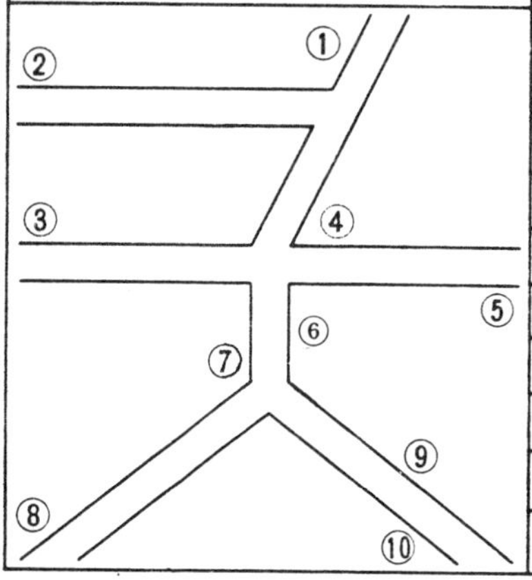

老客戶，新客戶（訪問順序）			
	客戶名單	TEL	訪問目的
1			
2			
3			
4			
5			
6			
7			
8			
9			
10			

因此，要確立訪問的目的，不分好惡，配合一天的行動作成路線圖。

聽說某鋼鐵公司（員工八名，一年營業額四千萬元，專門製造漁船的引擎和船身）的推銷員K先生，在每個禮拜一早上，都會將一個禮拜的路線圖拿給董事長過目。

「先作好路線圖，就能在訪問前先考慮要告訴客戶什麼。」K先生說道。

另外，他還利用路線圖的背面作成營業日報表。

第六章　成功推銷員的行動方針

——以成為專業人才為目的

1 積極向「數字目標」挑戰——推銷是專向數字挑戰的工作

推銷就是積極向目標和能力挑戰，爲達到預定成果，推銷員必須擬定營業目標和營業利潤目標，然後在一定期間內，完成目標營業額，有了目標，推銷才有意義與樂趣。從另一方面來看，由於競爭激烈，推銷也愈益困難，自己一切行動的成果都會變成客觀與冷靜的數字。

沒有訂立數字目標，推銷就無意義。不論一天、一個禮拜或一個月，推銷員無時不和數字戰鬥，欲獲得好的成果，便需擬定數字目標。

關於目標可分爲：(1)必達成的最低目標(2)努力目標(3)挑戰目標三類。有人認爲以「必達成的目標」較佳，也有人認爲「既然是向目標挑戰，目標設定愈高愈好」。

究竟哪一種較好？我們暫時不予評論，在此我想建議各位的是，設定自認「稍微困難的目標」。推銷是一門不斷地向目標挑戰的工作，你應全力以赴。或許擁有崇高的目標並不能保證可獲得成功，但也未必就會失敗，不嚐試怎會知道呢？我相信只要你能盡全力向目標挑戰並採取行動，必可獲得成長。

巡迴推銷員和店鋪推銷員，常會因銷售、折扣政策和促銷政策的不一致，影響到個人的營業目標和達成目標。至於訪問推銷員，則是根據個人的行動力、活力和能力來決定銷售目標，所以，目標達成率也各不相同。

S先生是一名推銷員，在十七年又一個月裡總共銷售出五千輛汽車，他之所以成爲頂尖推銷員，就是因爲擁有滿腔熱情和戰鬥意志。他曾在自己的著書中寫道：「我希望能終生以銷售汽車爲業，促進國內汽車的普及化，只要能從事我喜愛的工作，便無怨無悔了。

不論是何種推銷活動，若不能引發對數字的熱誠和鬥志就難以成功，但也並非具備兩者即可。像S先生便有自己獨特的想法，他將自己的名片縱切成兩半，然後寫上：「我要達到銷售〇〇部的目標。」極力宣傳自己的主張，並附上勝利標誌的圖片和留言。而且他非常關心客戶，售後服務也很完善，便輕易贏得客戶的信賴，甚至主動爲他介紹新客戶。

所以，不要消極且不情願地去追求數字，應積極地向數字目標挑戰，只要擁有旺盛的鬥志，必能成爲頂尖推銷員。

2　以獲得成功爲工作目的——只要失敗，所流的汗即白費

前面曾敍述過，推銷員最注重結果，結果不佳，就得不到應有的報酬，也無法評定其未來的命運。

工作一定要有目標，如果沒有訂立何時完成工作或成果的數字目標，便會感到無聊、苦悶；

無法以成果來衡量自己的努力、快樂和進步。

所謂獲勝的意志和目的，即「想創立一番事業、想獨立、想購買房子、想當董事長、想讓妻兒過著幸福的生活、想讓自己擁有快樂的人生……」等自我激勵的慾望。

通常頂尖推銷員都非常具有個性、行動力和活力，因爲他們擁有比一般推銷員更強烈的求勝慾望。他們剛從事推銷工作或經驗不足時，從早到晚都很努力去拜訪新客戶，而爭取新客戶正是從事推銷必經之路。

他們爲求成功，經常會下功夫思考下列的事項：

- 如何才能銷售出去？
- 如何使客戶購買？
- 提供何種資料較佳？
- 不曉得競爭對手開出何種價格和條件？
- 用何種方法和客戶保持人際關係？

爲求獲勝，自己必須全力以赴，積極達成目標。

M公司（一年營業額六千萬，寢室用具的批發商）的H先生是該公司的常務董事及業務經理，也是一名頂尖推銷員。他曾說過：「推銷本公司推銷員『銷售不出』或『不想銷售』的商品是我的任務。的確，商品剛上市較難銷售，一般推銷員也較不喜歡推銷。爲達到營業目標，他們較樂意銷售易賣的商品，但我卻想：『沒關係！我去！』然後便帶著新產品到市場銷售，有時二、三個月都不會回家。」

一般職業棒球選手也會拼命努力，不僅是爲了爭取更多的錢，他們也希望自己的隊伍能獲勝。

這些被視爲第一流或頂尖的人物，其唯一目的就是「勝利」，所以，會爲了獲勝而拼命地練習、思考與學習。一旦獲得勝利，所流的汗水便沒有白費，若不幸失敗，則一切努力都是枉然。

3 「現在」最重要——對「一個客戶」或「今天」全力以赴，必可開拓康莊大道

二十七歲那年，亦即一九六七年，我剛自大學畢業，畢業二個月後就開始從事推銷工作。我對推銷工作全無經驗，心裡不安地想：「我能勝任推銷工作嗎？我適合當推銷員嗎？我能達成自己所定的目標嗎？」

記得當時被錄取後，隨即接受一個禮拜的職前訓練，然後按照上司的指示，帶著地圖去拜訪客戶。但辛勤地奔波忙碌，卻沒有獲得交易；相反地，公司裡的前輩和上司年齡雖比我小，但卻常帶回豐碩的成果。我對自己愈來愈無信心，甚至懷疑自己的能力，更不必談對職業的榮譽感了。我失望地想：「我果然不適合當推銷員，這根本就是錯誤的選擇，必須重新找個適合自己的工

作。」於是，開始每天看報紙的求才廣告。

現在回想起當年不禁發現，假設當時我換了職業或就此沮喪不再拜訪客戶，我不僅會成為沒出息的推銷員，我的人生也可能黯淡無光。

當時正處於情緒低潮時期的我，有一天我前往K市進行推銷活動，無意間看到一座寺廟，便不知不覺地走入廟內，大概是頗具佛緣吧！記得那時在廟中看到一首詩：

「花默默地開放
又默默地凋謝
但此刻
正努力地開」

這首詩可謂我人生一重要的轉捩點。我在還未認眞工作前，就輕易斷定：「我不適合這項工作。」轉瞬間，卻由寺廟的題詩中獲得如下珍貴的啓示：「沒關係！我只要全力以赴即可，現在雖然沒有任何交易，但仍應比別人較早上班，拜訪更多的客戶。」往後我都是第一個到公司上班，然後一邊哼著歌，一邊打掃辦公室及廁所，也比同事們早出門拜訪客戶。

這樣持續了三個月，業績漸有起色，半年後，便獲得最高的營業額。故不論是對一個客戶或今日一天，只要能全力以赴，必可開創光明的前途。

4　要認眞學習推銷——不斷探求最好的方法

要成爲頂尖推銷員，必須活到老學到老。

推銷工作的特徵就是可接觸各式各樣的人。我們在推銷過程中認識的客戶，無論是和對方交談或讓對方聽我們說明，一定都要秉持受教的態度。

「聰明的人懂得隨時學習他人的長處。」

「三人行，必有我師！其善者，從之！其不善者，改之！」（論語）

通常頂尖推銷員都能一直維持良好的業績，他們的人生觀也很坦率、謙遜，對於上司、同事的批評，或競爭對手的惡意中傷從不耿耿於懷，也從不吹噓他們的業績與功勞，或者以自我爲中心行動。他們之所以成爲頂尖推銷員，是受到許多人的支持和協助，才能擁有今日的成就，各位務必了解這點。

頂尖推銷員常說：「我有自己的看法、想法及作法。」這是他們身經百戰歷練得來的，並且不斷學習競爭對手的長處。我們應以謙虛之心去學習，仿效他們不斷探求更好方法的精神。

某銀行分行的業務經理S先生，三年前是該分行最優秀的推銷員，他對於銀行的銷售業務頗有自己的想法與作法，最難得的是，他始終保持著坦率的性格。有人曾問他：「利用何種方法最

佳？」他答說：「嗯！我立刻做看看！」

曾是他頂頭上司的A分行經理曾說過：「S先生剛從事推銷工作時，常無法達成營業目標，當前輩或同事們回家後，仍獨自提著公事包去拜訪客戶，經常到三更半夜才回去，有時還會發楞或嚎啕大哭。他最可取之處，就是絕不會中途放棄目標或者乘機偷懶，儘管傷心流淚，但仍會繼續認眞地工作。」

S先生還說：「既然要當推銷員就要認眞的工作，既然要做，就要做個成功者，如果只當二流以下的推銷員，那就太沒出息了。」

5 推銷員應對自己的工作充滿榮譽心和自信心——勿怕羞恥

頂尖推銷員應具備如下的態度：

(1)膽量大、積極採取行動；所謂推銷就是攻佔對方的時間。
(2)勿害怕羞澀，也勿存有重複作同一件事便感到不好意思的想法。
(3)要有禮貌；留意自己的語氣、態度和服裝。
(4)對自己、公司和商品要有信心。
(5)勿考慮太多；要經常拜訪或打電話給客戶，切忌偷懶與輕言放棄。

假如你容易害羞，就會被他人取笑，對行動便容易產生迷惑。一個非常積極採取行動的推銷員，其實就是膽大、臉皮厚的人，根本無懼於訪問推銷。

從另一個角度來看，一名推銷員如果懂得推銷的要點，必能從中產生榮譽心和自信心，擁有「我的工作是爲了讓客戶獲得幸福」的觀念，並把推銷視爲天職。推銷的要點，就是主動去發現客戶的需求和慾望，或感到不安及困擾的問題；進而替他們解決問題，滿足他們精神上、經濟上和物質上的「利益」，故推銷是一種高尙的職業。

如何發揮推銷的要點，我現在就爲各位舉幾個例子。

有一年，我應某地農會的邀請，擔任推銷研習會的指導員。當會議結束後，我便決定再去拜訪附近一處農會；並未事先和該農會約好，但農會的課長仍非常熱心地接待我。

受到他熱情的款待，我隨即輕鬆自在地和他侃侃而談。我告訴他：「要保護農會會員、支持農會組織，所有工作人員應有共識，也就是農會應爲會員設想。如果能舉辦實地研習會，便可從旁協助指導，假如研習會的成效不佳，我不收任何費用。」

當時課長說：「我曾和許多經營公司接觸過，卻從沒有如你這麼負責任，要等看到成果才算完成。這是很好的構想，我們會盡力促成。」從那時起至今已有七年，推銷研習會每年仍定期舉行。

假如，我當時認爲突然訪問非常失禮而沒有前去拜訪，就無法遇到課長，更別談舉辦研習會了。

6 應把今日的成果擬一標準——將三個月或半年的業績，依前面的規模開拓新計劃

推銷員隨時都有藉口去追求成果，例如本月份無法達到目標時，你便說：「今天沒有達到目標沒關係！但一年後必能做到！」或許沒人會相信你。

就連最頂尖的推銷員，也會有情緒和業績低落的時期，他們是採取怎樣的應對態度呢？即使仍然去拜訪可望成交的客戶，全心全意地投入工作，也可能毫無斬獲，無法達成預定目標。這時，切勿只是發呆消耗時光。

「辛苦了一天，只要盡力就好了！」千萬不要因爲沒有成果，而爲明天擔心。「今天盡了全力，明天一有機會再全力以赴！」這就是我的基本信念。我們不僅應注意本日和本月的工作成績

，更不能輕易放棄三個月、半年後可能成交的客戶；今日的工作成果固然重要，但積極去發現三個月、四個月後可能成交的客戶，是更爲重要的事。

不認眞去開拓可望成交客戶的推銷員，絕對無法得到成功！

發現並開拓可望成交的客戶有如下的方法：

⑴請客戶再介紹別的客戶。

⑵請朋友或認識的人介紹客戶。

⑶打電話到公司或直接到公司詢問的客戶。

⑷要多拜訪幾次，再開拓新客戶。

⑸先擬好可望成交客戶的名單，然後找機會拜訪。

⑹向舊客戶銷售新商品或新樣式。

一流的推銷員都知道，商品銷售不出去，就好像被推下山谷般痛苦難捱。欲避免業績不佳，就應靈活運用上述六項方法，經常去尋找明天可望成交的客戶。一個頂尖推銷員無時無刻不在注意業績的狀況，以免業績滑落。

到底應採取何種具體的方法呢？這並沒有特定的手段和策略，最重要的就是誠懇、親切地去接近客戶，對客戶抗議或困擾的問題，儘速處理。若他人介紹新客戶給你，你應把拜訪的結果向他報告並致謝；和被介紹者交談時，要記得適時提及對方朋友、親戚的近況；若有人生病，也應前去探病；遇有喜慶喪葬時，亦應表示祝賀或哀悼之意。總之，必須勤於拜訪可望成交的客戶。

以上敍述的事項看似平淡無奇，卻都是應徹底實踐的事。頂尖推銷員即因充分明瞭這點，非常注重人際關係，業績才能歷久而不衰。

7 不可依時間的長短評斷，應展示工作成果——所謂專業卽指「賺錢」

我曾說過，成爲頂尖推銷員的條件之一就是「長時間工作」，不過，大家請別誤解我的意思。因爲，頂尖推銷員都是抱持積極的態度向目標挑戰，心中常存有「再訪問一家」的觀念。所以，非常重視時間觀念，也會花功夫去準備明天的資料，此即頂尖推銷員的行動法則。

即使你每天早出晚歸，甚至不睡覺，成天拚命地工作，假如業績不佳，這些努力仍等於白費。

職業棒球、拳擊或高爾夫球選手，本身都具有豐富的專業知識，他們爲了贏得比賽，總是不斷反覆地練習，以便加強打擊率或技術。每天大約要花上幾個小時，甚或十幾個小時在球技訓練上，相當辛苦。如果在比賽中不幸敗北或打擊失常，除了遭到社會大衆的同情外，所有曾花費的心血也變成枉然。

他們只有以贏得比賽爲目標才能生存下去；同樣地，推銷員也是爲了達成目標（業績、利潤、掌握市場），才從事推銷工作的。

許多公司的經營者，常會以時間的長短來評定員工的工作情況。例如，他們常會表揚從早到晚一直努力工作的人：「這是個很認眞的職員。」但是，有些推銷員並不重視實績和業績目標，只一味地討好上司，沒事也在公司耗到很晚才回家。這種看似認眞，其實非常虛僞的作法，常讓人誤以爲他們都擁有經營或銷售的目標，因而產生不實的錯覺。

公司的經營者和推銷員都是專業人才，所謂專業人才就是懂得「賺錢」的人，如果只不斷地浪費時間，就不算是專業人才。

某家專門製造住宅用窗框的建材公司，該公司共有三十名推銷員。其中一位A先生說：「我每天努力工作以求達到營業目標，因此總是訪問到很晚才回家，回家後還要寫估價單；我不過是想達到業績上的目標罷了！全心投入工作完成目標，替公司賺錢；另一方面也希望公司爲我加薪，這就是我的想法。我希望能多賺點錢好買下一幢房子，爲實現夢想我每天認眞的工作；爲自己的前途，更會全力以赴。」

他很熱誠地說出這番話，據說他還和同事聯合召開讀書會，輪流發表讀書心得並交換意見。

要成爲成功的推銷員，必須辛勤認眞地拜訪客戶，每天提早一個小時外出工作，以便尋求更多可望成交的客戶。但是長時間工作並非推銷的目的，眞正的目的是要創造更好的業績，作一名頂尖推銷員和過著幸福快樂的生活。

A先生常和公司的同事一起研究問題，就是爲了獲得更美好的成果，讓自己服務的公司能成爲該地一流的公司，他們也會引以爲榮。由於他擁有這種自覺，所以，每天無不全力以赴，期能獲得成功。

8 要依業績來決定——不工作的人就無法生存

薪資的給付是依據員工的工作情形決定，推銷員也是以工作的薪資來維持生計。無固定底薪，以銷售多少，便得到多少利潤的推銷員，才是專業的推銷員。

每個月擁有固定薪水的推銷員，大多缺乏要努力提高業績的概念。他們不以自己的能力與血汗去換取報酬，只是依賴公司或同事們的業績求生存。

我經常在研習會上強調，企業界有一規定：「不工作就沒有飯吃。」工作但沒有成果，也是徒勞無功。這項規定並不限於推銷員，也適用於農、漁業。例如農民每天辛勤地耕田、播種、施肥，培植農作物，到收割季節卻遭颱風侵襲，致使農作物損失慘重，農民們沒有糧食可吃；又如漁夫若遇到漁獲量不佳時，便無以維生；這是人們爲求生存，必須靠自己去賺取金錢的最佳例證。

對於領取固定薪水的上班族或公務員而言，不論是否達到業績目標，都能拿到一定的薪資，此即和工作的成果無關。

要當一名成功的推銷員，不應只領取固定的薪水，而是應以工作的成果來獲得報酬。或許你的公司訂有一套固定薪資給付的辦法與體系，但仍會依據你的工作成果來決定，故要有心理準備。

H公司的職員M女士曾說：「我工作的原則，就是不論拿多少薪水，最少也要替公司賺到錢，如果我不能替公司賺到它付給我的薪水，就不會繼續待在這家公司工作。因此，我每天和客戶接觸都非常愼重行事。」

M女士是現年四十八歲的女性推銷員，雖然她每個月都領固定的薪資，但一定會達到公司給她相對報酬的目標。如果沒有達到，便利用禮拜天和晚上繼續拜訪客戶。一個不負責任又無工作計劃的推銷員，對工作大多較不關心；然而，M女士的作風和他們截然不同。

唯有憑自己工作成果來決定報酬的推銷員，才能獲得成功。

9　向依賴心挑戰——只有自己最可靠

某棒球名教練的座右銘是：「養兵千日，用兵一時。」在這弱肉強食、競爭激烈的社會中，要成爲一名頂尖推銷員，必須確實作好可望成交客戶的名單，以鍛鍊的方式在一千個日子裡，辛勤去拜訪客戶，並隨時作自我檢討（有關其方式和手段，請參照最後一章第3項）。

要作好可望成交客戶的名單，首先，應考慮商品適合銷售的地點，何種客戶適合購買或使用。假如是每個人都適用的商品，可設定一地區，再從中挑選三千戶，每天固定訪問三百戶，並以十天一次、一個月三次的方式作定期巡迴訪問。如此持續半年，必能獲得許多可望成交的客戶。

究竟應利用什麼資料找尋可望成交的客戶呢？不妨利用⑴公司裡過去的資料⑵公司外的資料。

⑴公司裡的資料，即①以前客戶的名單②過去曾有心購買、詢問過，或其他推銷員曾去拜訪過，但沒有成交的客戶。

⑵公司外的資料（需購買的資料），即①工商協進會和工會的會員名簿②高所得者的名簿③股票上市和沒有上市公司的經理、課長的名簿④各工會會員的名簿。

⑶自己的交友關係，即①小、中、高、大學的朋友②同學的名簿③孩子的關係④妻子的關係⑤和自己有關的銀行，送牛奶、報紙、雜貨店、菜攤和書店的人⑥鄰近的人⑦自己社交圈和嗜好的關係⑧酒店、餐廳、咖啡廳的經營者和熟人等。

假如沒有可望成交的客戶，沒有可以訪問的地區、或解釋銷售不出的原因及理由時，表示你並未認真地思考和行動。要成爲頂尖推銷員，必須能充分思考、吃苦耐勞。我已向各位說明過如何作可望成交客戶的名單，在此我要強調實行最重要，縱然你學識非常豐富，如果沒有徹底實行

抱怨
辯護
批判

，仍然無法成功。

當心中存有不滿或想辯護、批判的想法時，應鼓勵自己：「我要積極、開朗、快樂地生活。」若是常消極地埋怨自己無法達成目標，一旦遇到困難和阻礙，就立刻斷定：「還是不行！去拜訪只會被客戶拒絕！」進行推銷時，也容易缺乏魄力。

所以，消極地抱怨只是證明自己缺乏信心罷了！爲增加自信心：①需充分學習有關商品的知識，徹底閱讀並牢記說明書②向可望成交的客戶推銷商品時，需事先備好資料和建議書，並面對鏡子練習十次。

「計劃要周詳，行動要大膽！」唯有依照此一原則徹底實行，才能獲得成功。

10 實行「一源三流」——爲自己工作

一家大型建設公司的A董事長曾說過：

「不論是多麼優秀的企業，它也和人一樣有一定的壽命，一般約爲二十～三十年。但世事多變，誰也無法預料，所以，沒有『永遠存在的企業』。在現代社會中，你不應期待公司能爲你作什麼，而是應思考自己可對公司及社會作何貢獻，然後在『自我磨練』的原則下工作。

千萬不要有終生只服務於一家公司的想法，你應努力培養能隨時適應環境變化的實力。進入本公司後，各位只要將這裡視爲自我磨練的地方即可，因爲二十二歲的人還不很成熟，等三十歲以後，再回顧檢討一番，必能找出屬於自己的人生大道。」

A董事長可算是不動產企業界的頂尖推銷員，但他從事這行的經歷卻只有十六年。他還說過：「保持健康的身體最重要，但不要光說不練，爲了將來能成爲頂尖的人物，應注意『調劑身心也是必要的工作』，這樣，前途才有希望。」

S銀行的K董事長也說過：「人應實行一源三流。一源就是指人生的根本在心，人一生都要學習，並尋求自我磨練的機會；所謂三流就是指每個人都有血、有淚、有汗，爲求生存，要以自己的血、汗、淚去爭取幸福的生活，直到死亡爲止。」

許多前輩、師長經常教誨道：「人一生都要學習。」的確，沒有人是十全十美的，爲彌補自己的缺點，擁有更美好的生活，終生都需努力學習。

成功的推銷員必定會站在客戶的立場替對方著想，爲維護對方的利益而熱心推銷。由於他們的態度非常熱誠，故能得到客戶的信任，和客戶作長久性的來往，客戶也會樂意介紹新客戶給他們。如果公司的促銷政策和客戶的需求、市場動向背道而馳，或者銷售的商品有缺點時，他們會提起勇氣向上司或經營者建議，以便維護公司或客戶的利益。

A董事長認爲，推銷員應培養能隨時適應環境變化的實力，爲達成銷售目標，必須充實商品的知識；行事果斷、有魄力。但無論如何，仍以健康最重要。

推銷員主要的工作即爲客戶服務，自己也藉此而獲益。在推銷行業中，從來沒有人因工作過度而死亡，只有靠熱誠、辛勤地訪問，才能消除精神鬱悶和心煩等症狀。

第七章　成功推銷員的人際關係

——所謂良好的人際關係，即不斷地施予對方之意

1 徹底的「給、給、給」——人爲達成願望才維繫人際關係

想要在推銷工作上獲得成功，不僅平常應作好人際關係，更應主動去加強人際關係。推銷員必須學習給予對方「某種好處」的方法，這些「某種好處」正是「吸引人的魅力」。

推銷員「吸引人的魅力」包含如下的特性：

(1)熱情、誠懇、替對方設想——人的性格和成長。

(2)擁有解決困擾和協助對方賺取資金的力量和人際關係。

(3)提供對方所需的資料，並自我充實商品的知識和相關知識。

(4)讓自己對人生或工作的態度（積極、認眞、挑戰的態度）留給對方深刻的印象。

人通常是爲達到目的及願望，才會渴望建立良好的人際關係。所謂良好的人際關係，即滿足對方的需求或不辜負對方的期望，而非只懂得人情世故即可。爲滿足人類的本能——精神上、經濟上想得到的利益——人才會形成集團，這類的集團又稱爲派系。人們組織一個特定的派系，就是想以「擁有同伴」、「獲得更多的利益」或「當領導者」的慾望（名譽、權力、金錢）爲目的。

例如政治家因爲可滿足多數人的需求，才能組織政黨成爲領導者。又如民意代表最希望的是

爭取選票，爲達到目的，平日便四處活動，拉攏和選民的感情，不過，這常需投注大量的「金錢」。所謂高明的民意代表，就是滿足對方的需求，徹底實行可讓對方高興的事；不論前來拜訪的人是誰，都會熱誠地歡迎；當對方提出要求時，不會立刻拒絕，而是告訴對方：「好！讓我來想辦法！」故即使是頂尖推銷員，也要好好學習這種民意代表的作法。

所以，要建立良好的人際關係，應先施予，然後才能獲取。那要給對方什麼呢？當然是對方需要的東西（經濟上的物質和精神上的關懷）。對於一個極想解渴或塡飽肚子的人，你給他鑽石與黃金，那豈不無濟於事？同理，假如你給一個不愁吃、生活奢侈的人，大量的水和麵包也沒有用；一個既有金錢又有地位的人，最希望得到的就是名譽和勳章，所以，你應充分滿足他們的需求。

只要秉持「給、給、給」的原則，給予對方想要的東西，自然可獲得應有的回饋。

2　培養吸引人的魅力——要先使自己成長，才能作好人際關係

一個人是否成長和具有魅力，其判斷的基準是：

(1)地位是否晉升（即升爲主管、課長、經理、總經理或董事長）。

(2)物質生活是否較富裕（即指房子、汽車、西裝、手錶和休閒活動＝打高爾夫球、喝酒、到餐廳吃飯、參加俱樂部或到國外旅行）。

(3)人際關係的範圍是否較爲擴展（平日和什麼人來往）。

(4)是否不斷地學習、追求知識。

大半是依據上述四項或外表來判斷較多。

以對方的立場來看，如果五年、十年後，這四個條件並沒有改變甚或退步，即表示這個人完全沒有成長；只有使自己逐漸成爲積極主動的人，才可謂成長。爲能自我改變，應存有「希望、夢想、願望和目標」，積極付諸實現。

無法成功的推銷員經常遭遇挫折和失敗，也常有憨直、懦弱和散漫的習性，並且缺乏「爲什麼無法銷售？爲什麼無人訂貨？」等自我反省及原因分析。銷售不出和無人訂購的最大原因，是否即本身缺乏「吸引人的魅力」呢？如果是，就應積極培養吸引人的魅力；隨著年齡的增長，學習可獲得成長的知識；除上述四個要點外，別無他法。

要當頂尖推銷員，除了下定決心：「我要成爲頂尖推銷員。」然後努力完成目標外，無其他方法。爲達到目標，必須在自己負責的地區中找尋可望成交的客戶，並適時去親近客戶及展示商品；同時，也需了解對方所需並準備有關資料。

無法成功的推銷員大多無法體驗推銷工作的樂趣。要從工作中尋求樂趣，便需親自體驗「目標→行動→達成目標→成功→自信」的週期過程。

現代心理學以上面的公式來表示人類的行動，亦即人的行動是環境×人性、性格的函數；所謂函數是指人的「意識」。既然只有自我改變才能獲得成長，便應刻意去改變：①改變行動②改變函數＝意識（看法、想法、心理狀態、目標和人生觀）③改變環境（公司、工作崗位、負責地區、住所）④改變性格等其中幾種才行。

幸好推銷員是種專去拜訪客戶的工作，只要以學習的態度和對方接觸，必能得到成長。

$$B = f\ (E \times P)$$

行動＝函數（環境×人性）

3 謹慎處理抗議和追蹤事件——能滿足客戶，才能獲得更多的客戶

通常成功的推銷員都擁有優良的客戶，同時，也經由客戶的介紹增加新客戶。他們是如何找到「優良的客戶」呢？

原來當客戶抗議時，他們常能誠懇地對應，並且在賣出商品後，也常會定期作追蹤服務。

的確，愈注意售後或追蹤服務的推銷員，愈能得到客戶的信賴，也愈能建立良好的人際關係。

怎樣才能滿足客戶所需，得到良好的評價呢？此不外乎⑴派遣優秀的推銷員⑵銷售好的商品⑶在最適當時期⑷以合理的價格購買。另外，賣出商品後，推銷員若能經常詢問客戶：「有沒有缺點？使用方不方便？」並適時關心客戶的家屬，必能得到對方的信賴，對方也會樂意地爲你介紹新客戶。

相反地，無法成功的推銷員一旦賣出商品後，幾乎都不再追踪服務，不久便忘記客戶的臉孔、特徵及有關資料，客戶也不再記得推銷員。在這種情況下，客戶自然不會介紹新客戶給你。

當推銷員終於說服客戶賣出商品後，若遭受客戶的抱怨、抗議甚至退貨，一定會非常難過、失望。這時，應儘快趕到現場處理，充分檢討故障、規格錯誤或包裝錯誤等原因。

若無法趕到現場，應立刻打電話向客戶道歉：「對不起！交貨時我曾仔細檢查過，但還是出了差錯，我應該立刻趕去處理才對，但因爲另有急事，能不能稍等三個鐘頭呢？」待前去拜訪客戶時，應先鞠躬致歉：「對不起！打擾你了！」然後再仔細確認：

①是不是商品有缺點或故障？

②若是使用後才發生問題，應配合商品構造善加處理。

一般推銷員對於客戶的抗議常不以爲意，只象徵性或草率地處理，容易造成嚴重的後果。所以，若遭受客戶的抗議，應迅速趕到現場處理，必能獲得客戶的信任，並建立良好的人際關係。

總之，耐心地作定期的追踪服務，是和找尋新客戶同樣重要的事。

4 徹底實行「一加一」——把自己的熱誠傳達給對方最重要

要成爲頂尖推銷員，必須實行「一加一」。所謂一加一，即在實際行動中再另外處理一件事；亦即進行推銷時，具有「再訪問一件、再訪問一家、再訪問一個人」的熱誠。不論親自登門拜訪，或打電話、寫信的方式皆可。

你不要忽視一天多訪一家、多打一次電話或多寫一封信，如果以每個月工作二十五天計算，一個月就可增加二十五件、二十五通電話和二十五封信，一年便有三百件，十年後則增加三千件。假設受時間和地理條件所限，無法親自拜訪客戶，以打電話或寫信的方式也能獲得成功。

S先生平均每月出差十五天，他常送些當地的土產給平常頗照顧他的客戶，並郵寄給以前負責地區的客戶，當然，這些土產都非價格昂貴的禮物。

有一次，我問S先生：

「你只是個上班族，這麼做需花費很多錢，公司有沒有補貼你交際費？」

S先生答道：

「我並沒有購買很昂貴的禮物，只偶爾會動用公司的交際費，多半還是自掏腰包。其實，從另一個角度來看很合算，原本我就應經常拜訪曾照顧我的客戶，因爲工作實在太忙，時常得到各處走動，便無法如願。爲了向客戶們傳達我的關懷之意，雖然一個月得多花費幾千元，但這種投資還是對自己有益，不然，怎能成爲頂尖推銷員呢？」

某機械公司（員工三十名）的業務經理A先生是我的好朋友，由於工作上的關係，他經常到各地出差，在他隨身攜帶的皮夾中，常會裝些風景明信片、信紙、信封、小字典和一本書等。每當他拜訪客戶後，一定會寄上謝函或明信片向對方致謝；有時也會邀請客戶到家裡或到名勝古蹟遊玩，一切費用皆由他負擔。

所以，隨時和客戶連絡感情也是成爲頂尖推銷員的極佳方法。唯有下定決心努力實行，才能產生行動的力量！

5 要實行「四種勤勞」——關心和勤於拜訪客戶才能培養良好的人際關係

本章中曾提及人際關係是「有施予，才有獲取」，即使知道對方的興趣、慾求和關心之事，如果沒有時間或金錢，那該怎麼辦呢？例如對方向你要求物質上的贊助，或贈送高價格的禮品，在秉持「有施予，才有獲取」的原則下，你應爽快地答應。不論任何事情都毫無計劃的推銷員，注定必然失敗；但過於精打細算，只重視利害關係的推銷員也不會成功。

「我只不過是個初出茅廬、收入微薄的推銷員，怎能施予對方呢？」假如你有這種想法，可能終生都無法成爲頂尖推銷員。即使物質和經濟方面並不富裕，你仍應由衷地關心和體貼客戶才對。

假如你的客戶生病了，你可以安慰他：「希望你能早日康復！」又如客戶的子女考上大學，你可以打電話或寫信向對方致賀：「恭喜貴千金考上××大學，雖然我的收入有限，但我仍要聊表祝賀之意，送給她一條絲巾，敬請笑納！」

唯有勤於訪問和經常關心客戶，才能培養良好的人際關係。俗話說：「手到、口到、腳到、心到。」的確，一個成功的推銷員出差時，常會記得寄風景明信片或當地名產給客戶，以傳達關懷之心。

爲表示你的關心，必須手到、口到、腳到、心到，此即「四種勤勞」。你應從現在便開始努力實行，持續十年，必能培養良好的人際關係。

我的一位朋友有句至理名言：「無財七施，雜寶藏經。」現在介紹給各位：

捨身施——排除自己的雜務，熱誠照顧對方。

心慮施——和對方共享喜悅、悲傷。

和顏施——以微笑對待對方。

慈眼施——用慈善、溫柔的眼神注視對方。

愛語施——用眞誠、溫和的語氣與對方交談。

房舍施——激勵對方，使對方產生自信和勇氣。

床座施——要有禮讓對方的精神。

縱然在物質上並不富裕，但任何人均可作到這七點！

6 積極去拜訪大人物——只要有心必可接近大人物

我再強調一次，所謂推銷就是向自己的能力和目標挑戰。唯有積極向自己的能力和目標挑戰成功，才能增加自信心。

當推銷員一定要有自信，應儘量去接近大人物；所謂大人物，即在你居住地區被視爲成功的人或地方官員。在彼此的交談中，你可以獲得「原來他也只是個普通人」的滿足感，因而更增自信與勇氣，此即你人生重要的轉捩點。

我可以信心十足地告訴各位：「不論對方多麼偉大，只要你想見必能如願。」突然去拜訪或許有些困難，可能只站在門口即被趕走，連他們的秘書也見不到；如果能先打電話給秘書：「我是某公司的A××，我想拜訪貴公司的董事長，不知他什麼時候有空？」她多半會懇切、委婉地拒絕說：「董事長非常忙碌，很難抽空和你見面，請以後再來！」

假如你就此放棄，便再也沒有任何機會。既然想拜訪大人物，事先就應有不易和對方接觸的心理準備，然後多去訪問幾次，對方必會被你的熱誠感動，即使非常忙碌，也會在百忙中安排和你見面的時間。事成之後，記得送鮮花或糖果給為你安排時間的秘書。

現在我接近陌生人已不會感到害怕，雖然仍免不了有些緊張。記得剛從事推銷工作時非常膽怯，常會為「不知該說什麼才好」而擔心；尤其是去拜訪大公司的董事長，當被帶到豪華的辦公室時，心裡變得非常緊張，一句話也說不出口。

有一次，我去拜訪S銀行的K董事長，緊張得一直發抖和冒冷汗，說話也結結巴巴。直到他說：「歡迎！歡迎！請坐！請喝茶！」我才鬆了口氣，接著便提及他年輕時當銀行業務員的辛酸史；在即將離去時，他告訴我：「今後你會訪問更多的人，你要記住，成功者或大人物也是人，他們也會為家人的去世而哭泣，因為擁有孫子而高興。不要太緊張，只要誠心地請教他們對事情的看法與作法即可，別忘了人一生都要學習。」

希望各位也能設定目標，勇敢地去拜訪大人物，必能增加自信心。

7 要培養良好的嗜好——有時興趣會幫助你開創前途

到底應抱持怎樣的態度去進行推銷才會感覺幸福呢？我想讓自己每天愉快地工作便是基本的原則，因為人大半生都在工作，如果成天為工作所苦，那就太不幸了！

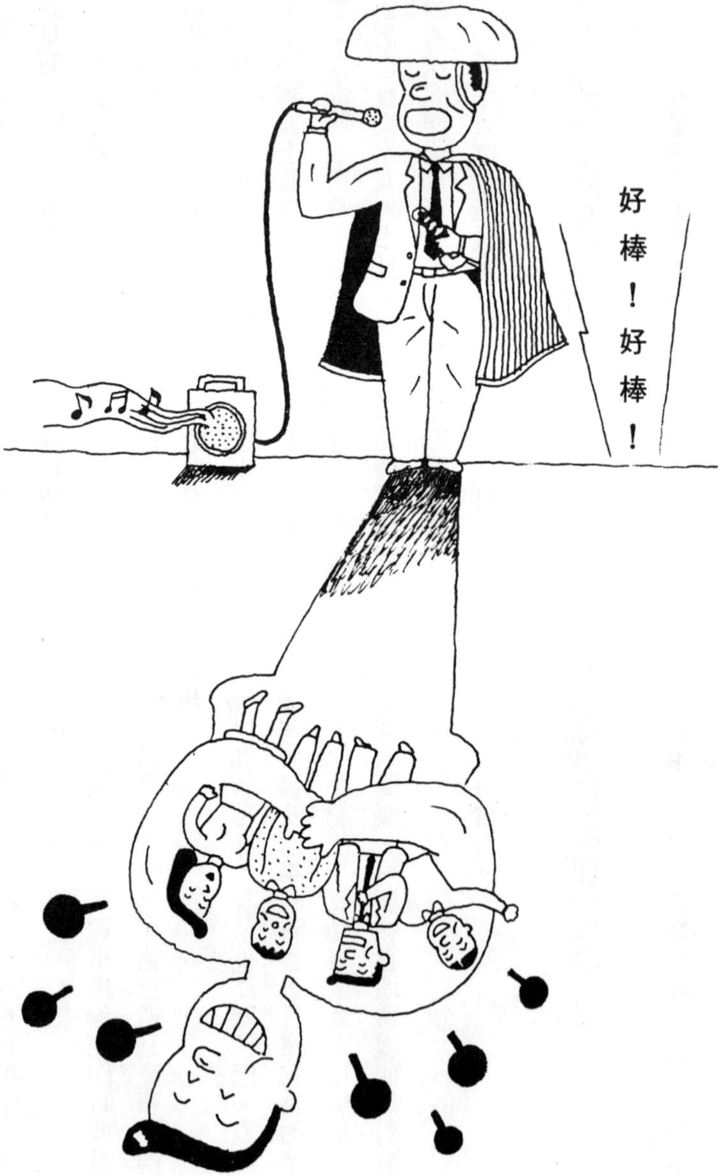
好棒！好棒！

推銷員應憑自己的努力和創意，使工作更有意義、更有樂趣，並由工作中獲得喜悅與滿足感，實現自我的理想，故必須：

一、達到每月的營業目標。

二、透過推銷，贏得上司和同事的讚美與喜悅。

三、經由工作獲得精神上的滿足（被肯定、依賴、期待）和經濟上的報酬（升遷、加薪）。務必切實作到，如果忽略其中一項，工作便失去樂趣及意義。

另外，在推銷時，你可以應用自己的「嗜好」去作拿手的事情，若受到客戶的支持與鼓勵，會更加喜悅。

「嗜好有助於開創前途」，我們經常會因爲精於某種嗜好而擴展人際關係。通常上班族和企業界人士的嗜好不外乎：打高爾夫球、釣魚、打牌及喝酒。假使不主動去拓展友誼，只和固定的人來往，人際關係會變得日益狹窄。

某木材公司的A先生對卡拉OK和話劇很有興趣，無論是去拜訪客戶或應邀到客戶家裡玩樂，他必定會攜帶伴唱機或表演道具（假髮、服裝），就連和客戶一起去旅行也不例外。他曾說：「我很喜歡音樂，包括爵士樂、古典音樂、輕音樂和流行歌曲等。不過，平時較常唱流行歌曲，我常會在客戶面前高歌一曲，客戶一高興，很可能就向我訂貨，實在太棒了！

雖然爲買假髮、服裝、化粧品和刀、劍等表演用具花費不少金錢，但卻都很值得！例如和客戶一同喝酒、跳舞、玩樂，或旅行回來的第二天，客戶常會開心的說：『太棒了！』不僅作了一次成功的交際，往後客戶也會樂意替我介紹新客戶。」

須注意的是，若成天毫無計劃地消磨時間在交際上而不工作，那就沒有任何意義，愈是忙碌的人，就愈應多去培養有關書籍、音樂、繪畫和電影方面的嗜好。將嗜好應用於工作上，工作才會更富樂趣。

8 年輕時要儘量負「人情債」——人際關係由「借方」和「貸方」所形成

人生和推銷所拓展的人際關係，是由「借方」和「貸方」形成的，這和經營上的資產借貸相同，借方和貸方兩者都不可能單獨存在，但一般以「借方」的比例較多。

以推銷員爲例，其人生在四十歲前後是以借方較多；四十歲以後，則應成爲能還債的推銷員。我年輕的時候，曾受許多人的指導教誨，並且獲得物質上和精神上的支持，直到四十五歲以後，才能逐一報答當年曾照顧我的長輩和朋友。

其實，對於曾照顧支持你的人，給予物質上的回報並非最好的方法；你應積極努力地奮鬥，讓他們目睹你的成就，才是最佳的回報，平常也應打電話或寫信向他們報告近況。例如：「謝謝你平日的照顧，托你的福！我現在仍努力的從事推銷工作。」另外，在感謝和報恩的心情下，送禮也是極重要的事。

大部份的推銷員都明白，不僅要銷售商品擴展人際關係，擁有支持他的人才是最寶貴的財富。然而，不珍惜照顧過自己的長輩、朋友和同事的推銷員也不少；在成交之前，他們常會熱心地去拜訪客戶，一旦成交後，則立刻想道：「結束了！再見！」從此不再前去拜訪，因而喪失了「優良的顧客」。

經由推銷而認識的客戶，或許並未馬上成交，但你偶爾仍應打電話給對方：「你買的商品使用後有沒有問題？」或寫信給對方：「久違了！你和家人好嗎？托你的福！我現正在×地努力工作，如果有需要我的地方，儘管吩咐，希望不久便能再和你們見面，請多加珍重！」作定期的追踪服務。

像這樣的關懷與熱誠，才能使「借方」發展為「貸方」的人際關係。

一般被人們視為頂尖人物或成功者，常會異口同聲地說：「年輕時，經常受到許多顧客和前輩們的幫忙！為報答曾關照過自己的人，每天都會努力的工作。」

所以，年輕時多負些人情債倒無所謂，可以獲得許多人的照顧和教誨，但切勿因負債過多而破產。所謂負債即指精神和物質方面，受到他人的鼓勵，若是破產就無法成功了。

總之，能報答貸方的恩惠才是正確的還債方式，希望各位都能全力以赴，讓借貸雙方得以保持均衡狀態。

9 同一職業至少要工作五年——要學會技術和建立人際關係，至少需五年的時間

有些推銷員常隨意地跳槽到別家公司，從好的方面來看，他們具有樂觀的生活態度，但未免把社會看得太單純了。通常靠領佣金或抽成方式過生活的推銷員，都是採取無計劃性的想法、行動和生活。

有一次，我應邀到M公司（銷售住宅機器）參加銷售研習會時曾表示：

「從你們的經歷來看，大約每三個月或半年就換一個工作，你們打算以這種方式過一生嗎？這樣能帶給家人安定的生活嗎？事實上，推銷員無論任職於哪家公司都是大同小異，你們應有『不論在現在的公司工作多麼辛苦，至少都要忍耐五年』的決心。要成爲一流的推銷員，至少需要五年的時間，不要一直想著有沒有更好的公司？我衷心希望你們除了自己獨立創業或當董事長外，都不要辭職。從現在起好好地工作五年，和客人建立良好的人際關係，並培養自信心吧！」

以我而言，至少花費了五年的功夫才獲得今天的成就；若是天資聰穎又有超乎常人能力的推銷員，自然能在更短的時間內得到成功。然而一般推銷員大多無此得天獨厚的條件，所以，只能腳踏實地苦幹五年，否則，就無法成爲頂尖的推銷員。

在這五年期間，應切實做到如下的事項：

(1)要決定一天訪問的戶數，面談、寫信和打電話的件數等，作為自己行動的目標。
(2)爲充實商品的知識，應仔細閱讀目錄，並將商品拆開，再加以組合。
(3)最少要閱讀二十本有關推銷的書籍。
(4)要記錄客戶卡和新客戶談話的內容。
(5)檢討今天的成果和所發生的事，然後作好明天預定訪問的工作步驟。
我隨身攜帶的公事包常會放些佛像或風景明信片，以作爲當天訪問過的客戶，或曾照顧我的人的謝函和近況報告之用。像出差投宿飯店睡覺前，即可抽空塡寫；有時候，我也會寄明信片給俱樂部或餐廳的老板：「今天很高興能到你那兒喝酒，並告訴我有關人生和工作的看法，眞謝謝你！」

故能全力以赴，持續工作五年，才是成爲頂尖推銷員的第一個步驟。

第八章　向推銷挑戰

——要有挑戰的精神才能使不可能變成可能

1 要向自己的能力挑戰——對目標要有信心

要成爲頂尖推銷員，對自己訂立的目標要有信心。

所謂推銷員的前途，即(1)可和許多人接觸，並可從這些人身上學習知識和經驗，使他們成爲自己終生的師長或朋友(2)推銷員沒有工作的年限，自己一人也可獨立銷售(3)不需準備資本，只要憑著智慧和健康便可成功(4)年收入約爲一百萬～五百萬元左右，可獲得豐碩的報酬(5)可獨立組織公司當董事長(6)從推銷工作中找尋人生的樂趣，並獲得更多的機會，此機會要靠自己的力量來創造。

推銷員的主要工作就是和客戶面談，由於經常和不同年齡、不同地位的人接觸，往往會獲得許多的好友和師長。在其奮鬥過程中，對工作會產生使命感，對未來也會更具信心，故每天都過得很快樂。

要成爲頂尖推銷員，必須徹底實行如下的事項：

①要把可能性的事作成具體的計劃和目標。例如一年營業目標、年收入目標；另外，也要作二年、三年～十年的營業和年收入目標。記得寫在紙上，每天反覆看幾遍。

②關心目標。爲達成目標，必須存有自覺意識，如此，對工作才會產生熱誠並獲得成就感。

③要研究商品的知識和相關知識。
④勤於訪問，儘量利用電話或寫信和客戶連絡感情。
⑤替客戶解決困擾的問題，作能讓客戶感到高興的事。
⑥平日要做好準備工作（訪問計劃、建議資料、估價單和推銷重點等）。

俗話說：「鐵杵也能磨成繡花針。」要有信心地去拓展自己的工作和人生的目標，最重要即是觀念問題與如何實行的問題，進而才能不斷地自我磨練並改造自己。

想改造自己並不是件困難的事，可由微笑的和對方談話並積極採取行動開始。例如告訴對方：「讓我幫你的忙！好嗎？」「對不起！」「謝謝！」「請問你的故鄉是哪裡？」「你今天很漂亮吔！」「伯父！伯母！這是請你們吃的糖果！」等。

此種累積行動即是最基本的行動法則。

2　向目標挑戰——活動身體，用智慧擬定戰略計劃

人生要有目的（過著幸福的生活），行動要有目標！

請各位暫且擱下這本書，欣賞附近的風景；如果看到山，就設定一個目標來攀爬此山。試想，事先若不做任何準備，也不使用自己的雙脚一步步前進，可能到達山頂嗎？各位都知道！要爬

自我實現的過程

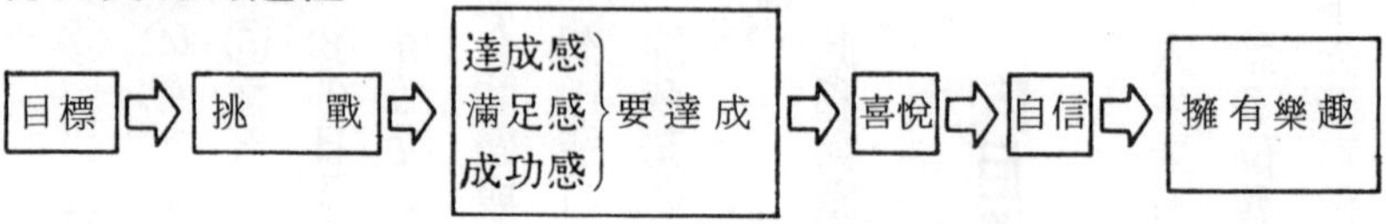

上山的頂峯，困難和障礙無可避免，只有靠自己的力量，肩負沈重的背包，辛勤勇敢地向山頂邁進（目標地點），才能充分體會登山的喜悅和滿足。

推銷也是一樣，當你努力地向目標挑戰，爲的即是達到一名頂尖人物的目標，受別人肯定的目的。要成爲頂尖推銷員，除了積極設定目標，並向目標挑戰外，別無他法。

爲向目標挑戰，必須充分認知下列十個項目：

(1)推銷是種規則嚴格的遊戲，此遊戲方法有攻有守，但以攻擊爲優先。

(2)所謂規則嚴格即「不工作就沒得吃」，但工作毫無成果者，也仍無以維生。

(3)爲得成功，要全力以赴，不論勝負，勿再耿耿於懷。要相信自己，盡情發揮自己的能力。

(4)推銷重視的是結果，結果不佳時，勿作自我辯護或批判，也勿推卸責任，應立刻反省分析失敗的原因。

(5)推銷最重結果，過程則在其次；但以自己的立場而言，應更重視行動的過程，以作爲明日的訓示。

(6)善加計劃目標。爲達成目標，需運用身體和智慧擬定戰略計劃。

(7)隨時關心客戶，然後向客戶提出單純、具體的要求：「你要購買試用看看嗎？」

(8)要成爲積極、樂觀、有魄力的推銷員，需自己去創造機會、時間、金錢、樂趣和信心。

(9)推銷員終生都要不斷地學習、行動、思考、閱讀和請教他人。

(10)「死亡」是生命的終點，人生是其過程，爲度過一個無怨無悔的人生，應努力創造快樂的生活。

前圖爲自我實現的過程。所謂自我實現即盡情發揮自己的能力，過著快樂又有趣的生活。

3 要學習商人的道德——推銷即行商，善用自己的才智

想法改變　態度即改變　態度改變　行動即改變
行動改變　習慣即改變　習慣改變　性格即改變
性格改變　人生即改變

從我當推銷員後，對人生的想法便有很大的改變。我一直很幸運，二十七歲那年（一九六七）開始在從事推銷的工作，當時，受到許多長輩諄諄地教誨：「年輕人！當一名商人（推銷員）應勤於拜訪客戶，客戶是不會主動來找你的。另外，也要多加運用智慧思考，珍惜時間和金錢，以後銷售能否成功的關鍵就在此。」

我有一位長輩G先生（某企業的董事長）曾說過：

「我的公司位於〇市，而且是在〇市苦心經營而成的，所以，我很重視〇市商人的精神。他們至今仍靠海維生從不怕艱險，極富挑戰的精神，經常利用四處航海的機會去探訪新世界。我們也應學習他們這種精神與勇氣，在不景氣或商品銷售不出時，以更堅強的決心去克服困難。」

他極力鼓吹〇市商人的精神，這對於具有〇市商人精神者而言，可謂莫大的光榮。

通常〇市商人為成為頂尖推銷員，都會先實行如下事項：

(1)要具備當一名行商者的知識。即避免一開始即有開店鋪的想法，應先多去拜訪客戶，奠定基礎後再實地開店。

(2)行商要有始有終。即從開始到結束都要貫徹實行，對客戶所託的事和交易金額要細心處理。

(3)要善用智慧，即充分發揮機智、努力去計劃、思考和行動等，以現代的方式行事，具客戶優先、第一的觀念，了解客戶的需求和困擾之事，也就是要知道促銷的方法。

(4)促銷。要計算可賺多少、賠多少，在成本×利潤的原則下，達到商人的目的。交易並非僅以獲得營業額為目的，而是以提高利潤（毛利、營業利益、經常性利益）為目的。

所謂「行商」即推銷員，名稱雖不同，但其工作性質都是銷售商品。不論如何，推銷員都要用心建立良好的人際關係，熱心傾聽客戶所說的話，適時改變自己的想法和行動，才能成為頂尖推銷員。

希望各位能學習○市商人的精神，不但要和他們並駕齊驅，更要迎頭趕上。

4 向地域挑戰——研究歷史、風俗、習慣爲第一步驟

要向自己負責的地區挑戰成功，首先，必須喜愛這個區域和此地的居民，同時，也要關心當地的風俗、地理、歷史和民情等。

爲達成以上目的，需注意並實行下列事項：

(1)實地走訪整個區域。

(2)多接觸居民，了解當地的習慣、民間故事或傳說。

(3)閱讀當地歷史。

(4)從當地最高處眺望全區。

K銀行的分行H經理曾說過：

「我很喜歡被調到陌生地方任職，因爲每個地方各有它的民情風俗和歷史。每當就職前，我一定會到圖書館查閱當地的歷史，並對那塊土地和居民發生興趣，想深入了解居民生活的情形。另外，我也常利用假日去遊覽名勝古蹟，不僅可充實見聞，還能找到和人們共同談論的話題，製

造融洽的氣氛。不論什麼階層我都會去拜訪，在路上遇到也會和他們打招呼。」

由於如此，H先生不管到那裡任職，總是留給別人良好的印象，並擁有極佳的業績。

又如W先生（墨水公司的營業課長）也曾說過：「由於工作上的關係，我經常被調派到外地任職或出差。我總會爬上當地最高的建築物、山頂或百貨公司的頂樓眺望那個地區，然後心中想：『今後我要在此地工作，必須建立良好的人際關係，不知這裡的人們如何？』有空時，也會找機會到最有名的餐廳品嚐當地的料理。」

當別人讚美自己的故鄉或居住的地區時，心裡一定很高興。例如：

「先生！你的故鄉在什麼地方？哦！那裡的居民都很勤勞上進，還以美女著名呢！」

「T地居民的個性都非常直爽、坦率，一些有名的革命家、學者就是在這裡誕生的。」

聽到這樣的讚美，沒有人不感到欣喜的。

一般住在大城市的民衆，大半是來自各個小城市或鄉鎮地區，他們都擁有自己的故鄉，也懷念那生長的地方；若以各地的歷史、人物、料理和名產爲聊天的話題，易拉近彼此的感情距離。

所以，研究負責地區的歷史、風俗和習慣等，可謂是向地域挑戰的第一步驟。

5 向與你競爭的推銷員挑戰——作巡迴調查，以便「知己知彼」

以往推銷員要戰勝競爭的對手，主要即以「技術」和「商品」擊敗對方；但現在將各廠商的產品作個比較，鮮少有絕對的優勝劣敗。故在此經濟環境中，可和競爭對手產生差距並擊敗對方的戰略重點就是，如何強化「推銷力量」，要擬定在競爭中致勝的戰略，首先就要「知己知彼」。

巡迴調查訪問的目的，即⑴掌握自己公司與競爭對手的特徵和弱點⑵由實際掌握的情況中，擬定重點目標，全力攻擊。攻擊對方的方法如下：

①作巡迴調查訪問時，勿委託外部機構執行，應由推銷員親自進行。先選定調查的對象，再作全面調查。

②決定調查的對象（是否爲獨門獨院、公寓或社區等）。

③決定調查的地區。這在日常的訪問活動中就應進行，應把調查區域限爲「特定區域」，實施四～五天。

④決定調查的日期，擬定短期計劃的實施事項。

⑤推銷注重合力互助的精神，雖非自己負責的地區，全體同仁也應從旁協助。推銷員進行區域調查以兩人爲一組較佳，一人詢問客戶或傾聽客戶的談話，另一人則可在調查問卷上詳加記錄。

⑥準備禮物送給協助調查的客戶。

⑦事先備好調查問卷，調查內容勿過於繁瑣，儘量以滿足基本需求爲限度。因爲內容過多，便難以一一統計，也無法應用於戰略計劃。

⑧調查內容勿超出商品種類的範圍。一般內容即包括年月日、時間、調查者的姓名，對方的姓名、住址、年齡（推測）、電話，購買商品的年度，購買的對象、品名、廠商名稱，使用後的感想、是否預定再汰舊換新和對自己公司的認識程度等。

經由如上的市場競爭實態調查，如果發現自己公司的立場居於下風，應立即考慮到：

(A)限定挑戰的區域（窄域）。

(B)決定目標。

(C)全力集中於一個地區進行推銷。

(D)勿以爲自己一切均佔上風，便只限定一種商品。

由於推銷員是站在市場的第一線，較易掌握競爭對手的動向與情報，所以，要確實調查對方商品的價格、促銷方法和新商品的實態，然後向上司或有關部門報告最重要。亦即要正確掌握什麼時間、誰聽到什麼樣的情報（數量），並且根據自己的眼光去判斷、確認事實。

6 向上司的期望挑戰——只要讓上司深具面子，必可獲得代價

所謂向上司的期望挑戰，就是明瞭上司肩負重大的責任，不辜負上司對自己的期許之意；更簡單地說，即「讓上司很有面子」，成爲協助上司或周遭同事的人。當上司命令你或鼓勵你時，並不代表他很關懷部屬，而是爲了達成目標，克盡職責，使部屬能成爲頂尖推銷員，並培養有潛力的人才所致。

爲完全達到銷售的目標，公司尚缺少一百萬的營業額時，若是你自告奮勇地說：「讓我來完成！」你就會被上司認爲是最優秀的部屬。

話雖如此，大部份的經理都會在會議上和部屬爭論道：「你要負責塡補這一百萬元？但實際業績怎麼那麼差呢？」毫不諱言的指責部屬。其實，身爲上司應耐心傾聽並接受部屬的理由，甚至應將功勞和業績歸於部屬努力所得。例如，在董事長面前謙虛的表示：「這次的業績全靠×推銷員和其他部屬的努力。」若只是一味地炫耀自己的能力和成果，部屬必會認爲：「上司又獨佔全部的功勞了，以後何必爲他賣命?!」

任何一位推銷員都渴望上司能體諒部屬的心理，給予更多的關懷，若上司不以爲然地說：「你們才應該體會我的心情，每當我想指責你們或大聲抱怨時，總是一直忍著不說。」部屬一定會很失望、難過。

反過來說，如果你的上司具有敏銳的眼光，能爲公司未來的前途著想，就會傾聽部屬的談話，時常關心部屬。你也應好好地工作，讓上司感到欣慰，你必能獲得應有的代價。各位必須了解，上司和經營者沒有一天不爲達成公司的營業目標而擔憂煩惱。

故能使上司感到欣慰的有效方法，即達成目標。

在F市經營建材公司（每年營業額二千萬、員工三十名）的T董事長曾說過：

「每到月底或年度結算，我都要實地了解公司營業、利潤和收帳的情況，然後擬定計劃與目標。像我們這種小型的企業，董事長有時也要作搬運工人的工作。這時，我會問推銷員目標進展得怎樣，若是他回答：『請放心！○○等商品已達到營業目標，只有△△商品還未達到。只要再給我兩天的時間，必能補上不足的部份。』像這類負責盡職的推銷員，常能博得上司的信賴。」

你的上司不僅是一位富有人情味的人，從另一角度看，也可算是客戶。所以，你應多去體諒上司的心，不辜負上司的期望，才能成爲頂尖推銷員。

7 向公司中的競爭對手挑戰——要學習並模仿對方的優點

(1)比競爭對手提早一小時上班，打電話給本日預定訪問的老客戶和可望成交的客戶：「今天下午三點我將去拜訪你，不知你方便嗎？」

(2)比競爭對手早一個小時外出訪問客戶。

(3)比競爭對手多訪問十戶家庭。

(4)比競爭對手晚一個小時下班，作今日的自我檢討，並準備明天的訪問。

(5)比競爭對手晚一個小時睡覺，充分學習商品的知識和相關知識，記錄當天所訪客戶的名字及特徵。

如此連續實行三年，定能戰勝競爭對手。

推銷員一天的成果可謂決定於早上外出時間的早晚；和競爭對手產生成果上的差距，其最大的原因也即在此。因爲人一旦有賴床的習慣，精神自然容易渙散，加上無人從旁提醒早睡早起的觀念，業績便一落千丈。

你應自動自發地養成早起上班的習慣，若能每天很有規律地實踐，必能產生工作的幹勁，積極擬定一天的工作計畫。

某電機公司的N經理曾說過：「作任何事情如果不盡全力，就不會成功。例如向晚輩或部屬借一本書閱讀，深覺愛不釋手，立刻便去購買或將讀後感想告訴部屬的人，在學識上又獲得了一次成長；同樣地，頂尖推銷員早上提早上班，工作準備周全，他們不需被指示，便能清楚認知自己的責任目標，然後努力的工作。」

爲了勝過競爭對手，推銷員必須虛心地學習並模仿競爭對手的優點，但切勿感染對方不良的習性和負面的行爲，這點要特別注意。

更重要的是，一名頂尖推銷員需和公司所有的員工保持良好的人際關係，不僅應和公司的行政部門建立好的情感基礎，也應重視和其他部門、倉庫及女工等的情感交流，對於你的社交關係將更有助益。當然，你不必刻意去奉承他們，只要常和他們打招呼，一遇緊急事情便找他們商量，事後再向他們說聲：「謝謝！」即可；若是到外地出差，可帶些禮物、特產等送給他們，更能溝通情感。

頂尖推銷員常會謙虛地表示自己的力量有限，他之所以能擁有良好的業績，全是受到他人的幫忙，故常能學習別人的長處，也能得到他人的協助。

既然要成為一名頂尖推銷員，就應不斷地吸收競爭對手或晚輩的優點，使它成為自己的特點。

總之，你要比競爭對手作更多的工作，並且虛心地向他們學習，才能擊敗對方，成為頂尖推銷員。

8 向女性客戶挑戰——滿足女性客戶的願望，讓對方高興

據說在現代社會中，單身家庭的數量不少，今後還有愈趨增加的趨勢。增加的原因是，人類生命逐漸延長，加上許多女性已進入社會和男性一樣地工作，不再依賴男性，可過著獨立自主的生活，甚至部份女性主張不結婚，唯有能實現自我的理想才是最富意義的生活；所以，老人和女

妳很美
妳好漂亮
它很適合妳

性的單身家庭便有愈來愈多的傾向。

曾有一位作家寫過這麼一段話：「每個女人都有五種基本慾望——穿著華麗的服飾、品嚐美味的食物、喜愛說話、生孩子和依賴別人。當我詢問年輕的女性是否有這些慾望時，卻受到強烈的反駁；她們認爲我的看法過於落伍，並非女性眞正的本能。於是，我反問現代女性的慾望是什麼？她們的回答是：不喜歡作家事，希望擁有一份穩定的工作和屬於自己的財產，同時，積極去追求獨立的生活和幸福的人生。」

另外，近年來離婚率也有急遽增加的趨勢，其中最大的特徵即妻子要求離婚的比例大幅升高。根據統計，女性已由從前凡事依賴男性轉爲自立自主化的形態，或者從侷限於家事逐漸轉變爲參與社會生產的工作。

或許未來的社會會演變成男性被女性遺棄，或男性依賴女性過活也說不定。

我所謂的向女性客戶挑戰，就是滿足女性的願望，讓她們高興。

多數女性最大的希望即成爲「美女」和「衆人矚目的主角」。如果你有勇氣不論遇到任何女性，都讚美她：「太太（或小姐）！妳好美！」對方一定會回答：「眞的嗎？」「你別想用甜言蜜語來奉承我！」但內心仍是非常高興。假如你沒有勇氣說出「妳好美」或「妳好漂亮」等話，那麼只要稍加稱讚：「妳今天穿的洋裝很漂亮！」即可。

另外，要滿足女性當主角的慾望，應稱呼對方的全名，勿只稱太太或小姐；另一有效方法即幫助對方下決定。例如問女性：「妳理想中的男性是哪種類型？」九十％的女性都會說：「溫柔、體貼的男性！」所謂溫柔、體貼的男性，就是懂得讚美並傾聽女性說話、凡事和她共同商量之意。故頂尖推銷員不會一進客廳就立刻關門，而是讓大門敞開約三分之一；和女性說話時，會正視對方的嘴部，非常注意禮貌。

9 向男性客戶挑戰——了解對方關心之事，以便採取對應行動

通常男性喜愛的事物不外乎金錢、酒、女人和地位，待成家後，則非常疼愛子女。

現代年輕男性都很注重穿著，此舉是爲了滿足讓女性注目、讚美和肯定的自我表現慾。雖然中年男性和老年人在穿著、髮型上，與年輕男士均有顯著的不同，但基本的慾望則相同。他們都希望「被肯定、受歡迎、能獨立自主、擁有好的地位、安定感、參與感和充實感、生活過得有意義」等無數的慾求。

滿足男性的慾望和關心對方不同，如何才能誘導對方說出心中的慾望呢？你可以：

(1)你讚美他的職業和公司：「你的公司看起來很不錯！你現在待的人事課在公司的地位相當重要，因爲每家公司的經營者，都會安排優秀的人才在重要部門工作。」

(2)見到董事長立刻稱讚道：「櫃台小姐的服務態度眞好！你很會訓練部屬。」

(3)聽到該公司業績的內容立即說：「上個月已達成業績目標了呀！太好了！」或「業績不佳嗎？那這個月請多多加油！」

(4)詢問家人狀況：「你的大兒子今年幾歲？人長得活潑聰明，成績一定不錯吧?!」

(5)詢問對方的嗜好：「請問你的嗜好及興趣是什麼？」他若答：「我很喜歡釣魚！」你可以問：「你常去釣魚嗎？」若是他說：「我沒有任何嗜好！」你不妨說：「我也沒什麼嗜好，只是喜歡工作罷了！」

某樹脂公司的S經理回憶當年被調派到外地任職時，曾和D公司的N課長來往密切的經過，他說：

「剛開始，我曾去拜訪他幾次，但他都不理睬，直到第十次，我無意中聽到一位女職員說：『N課長的大女兒今年就要上小學了！』當時，我並沒有任何反應。在回程中，才突然臨機一動，立刻到文具店購買一打寫有『恭喜××小姐上小學』字樣的鉛筆送給N課長。最初，他婉拒說：『我不接受生意上的禮物！』我趕緊回答：『這並不是公司的意思，是我自己的一點心意！』他這才接受。」

之後二十年，S先生和N先生雖然各服務於不同的公司，但經常保持連絡。所以，唯有主動去了解對方關心之事，才能採取對應的行動，獲得如前項的效果。

10 向頂尖推銷員挑戰——要擁有自信和獨力銷售的技巧

通常被視爲頂尖或一流的推銷員，在二十歲左右都會接受推銷員的專業訓練，從全無經驗中開始磨練，待幾年、幾十年以後，則逐漸成爲年收入上百萬元的頂尖推銷員。有些推銷員也同樣經過專業訓練和本身的努力，但年收入仍只有二、三十萬元，這是什麼原因呢？

報上曾刊載以「頂尖推銷員的實態」爲主題，將汽車、建築和人壽保險等不同形態的公司，作成統計數字。

頂尖推銷員平均一天的作息時間

起床時間		早上6時48分
開始工作的時間		早上8時42分
訪問件數	尋找老顧客	11.6件
	開拓新顧客	7.2件
休息時間		38分
電話件數		6.7件
寫信件數		2.7件
泡咖啡廳的次數		0.6回
坐在辦公桌前的時間		1小時54分
工作完畢的時間		晚上8時
在家中工作的時間		晚上
睡覺時間		午後11時54分
睡眠時間		6小時6分

根據調查顯示，頂尖推銷員的平均年齡是三十七・四歲，推銷經驗約十二年，年收入最高者約達幾千萬左右。他們找尋可望成交客戶的方法，就是重視客戶的介紹或提供情報。

另外，他們認爲自己比其他推銷員優秀的原因，即「服務較其他推銷員周到，較受客戶的信賴」（六十六％）「比其他推銷員勤勞」（五十一％）「擁有優良的客戶」（四十七％）。

我們由此可得到最後的結論：他們都是經由困苦的經驗中，培養堅定的信心和自己的銷售技巧。

其實，推銷並無任何定義，也無任何獨特的技巧。那些頂尖推銷員在擁有今天的成就以前，也曾經歷過被客戶拒絕、吃閉門羹，甚或被趕出門的經驗。但是他們能把這些經驗作爲自己不斷成長的精神糧食，不似普通推銷員則因此日益消極，不再追尋可望成交的客戶。

當你下定決心要在五年或十年後，成爲年收入高達百萬的推銷員時，就應開始努力奮鬥，朝著目標勇往邁進。若是認爲：「我無法作到！」或「我沒有這種能力！」等，那你必然注定失敗；因爲它雖不能保證你年收入可得百萬，卻也無法斷言你絕對作不到，故仍應勇於嚐試。

有了預定目標，朝著目標努力去拜訪可望成交的客戶，或打電話、寫信和客戶連絡感情，憑著自己的智慧和勇氣，在漫長的十年中貫徹實行，你終將成爲頂尖推銷員。

終章 向市場佔有率達九十%的訪問戶數挑戰

——S銀行業務員接受指導的例子

1 向能力和機會挑戰——以被開除的心理準備挑戰

讓我首次有機會擔任經營指導工作的是K銀行的總經理C先生，當時我仍是一家經營公司的業務員，爲推展企業經營研習會和經營指導會，我先後去拜訪各大、中、小企業公司。剛開始，我只和C先生打過一、二次招呼：「你好嗎？如果有需要，請多多利用本公司提供的經營顧問。」並非很認眞的推銷。

因爲不論在我的公司裡或K銀行，皆曾聽說C先生是個處事嚴格的人，他尤其討厭不負責任的經營顧問，所以，我自認爲去拜訪他也沒有多大用處。但是有一天，C先生卻突然打電話給我：「我有事和你商量，假如你方便，請來我公司一趟！」於是，我和他約定好日期、時間，親自前去拜訪。

「O先生！我想請你指導本銀行的模範行員（業務員），每家分行各一個，共有四十名；爲期一年，訓練的目標就是，讓每個行員都能在自己負責的地區中，努力提升到市場佔有率達九十％。你願意接受這份工作嗎？如果願意，請儘快開出一年的經營指導費和其他經費。我知道你也是推銷員，所以，我想委託你作這件事，除了你以外，我不信任任何的經營顧問。」

「哦！是嗎？我知道了！不過，我現在仍是公司的一員，所以，請給我一個禮拜的時間考慮，好嗎？」

和他談完後，便告辭離去。

聽到C先生這一番話，讓我非常的感動，但隨即想到這份工作並不輕鬆，而且責任重大，不免興起拒絕的衝動。

回到公司後，我立刻和上司商量此事，不料上司卻指責道：「你只是一名推銷員，並不是經營顧問，別忘了自己的立場和責任。」又說：「要向市場佔有率高達九十%的戶數挑戰，那幾乎是不可能的事，更何況是指導四十名業務員的工作，我看你還是拒絕的好！」。

但是我仍下定決心接受這份工作，同時，也充分做好被上司開除的心理準備。

「請讓我接受這份工作吧！也請你告訴我失敗時應負什麼責任？」我就這個問題請教上司。

願意向新工作挑戰，雖然不能保證必能獲得成功，但不向目標勇敢地挑戰，也同樣無法得知結果。故只有全力以赴，別無他法。

2 我要登上山頂——決心向目標挑戰

從事推銷工作，不能只靠「幹勁」的精神理論達成目標，也無法單以合理的方法與手段來完成；唯有兩者合一才能成事，才能連戰連勝。當然，促銷戰略也是不可或缺的重要因素。

到了約定的日期，我便去拜訪K先生：

「回去後，我和上司商量，自己也仔細考慮的結果，我願意接受這份工作；但想先請教你一個問題，我如果達不到目標該怎麼辦呢？」

「萬一達不到目標也沒有關係。其實，只要盡力去做，自然可獲得好的成果，請不要在還未嚐試前就想到失敗的問題。」

「謝謝你這麼看重我，我想提出一些條件，希望你能接受。」

一、請你確定四十名行員負責的區域。

二、在一年期間內，請勿調動這四十名行員。

三、每個月或二個月讓董事長和四十名行員一起吃中飯。

四、董事長和總經理須參加每二個月學辦一次的四十名行員研習的集訓。

五、請將四十名行員的就業資料和評價重新整理出來。

我以書面提出上述的要求，結果K先生說：「我知道了！我要先和董事長商量，請等一會兒！」他隨即離去。不久後，他回來說：「董事長已經答應了！請你放心！」欣然接受我的要求。

爲達到使市場佔有率突破九十%的目標，我不斷地請教長輩和上司，自己也經常閱讀有關書籍，但總無法得到滿意的答覆。就這樣絞盡腦汁、拼命的思考，大約一個禮拜後，我才悟出推銷是以「人和人的面談開始」爲原則。欲達到目標，唯有勤於拜訪客戶，別無其他方法。那如何訓練四十名業務員有耐心地去訪問呢？我認爲這必須讓他們自己下定決心：「我要向市場佔有率九十%的目標挑戰！」取得先決的條件後，才向總經理提出書面的要求。

這四十名業務員中的S先生曾說：「我想，最使我感到驚訝的，就是和O先生第一次見面的事。當時，我們正參加總行召開的會議，O先生開口即說：『請你們仔細考慮是否能接受當模範行員的訓練！』

之後，每天一連串的巡迴訪問，常會讓我感到頭疼、精神不振。有時候，站在客戶家的大門口徘徊猶豫，就是無法決定是否進去。我是個內向容易害羞的人，好幾次都想放棄算了，但很幸運地，都能適時受到許多友人的鼓勵；一段時間後，居然有了明顯的進步，逐漸地達到目標。從此，我便慢慢鍛鍊出強健的體力和魄力，也立志向目標挑戰。」

3　實施方法和手段的檢討建議——被拒說：「不要再來了！」

一開始行動後，我就到各個分行和每個人展開面談。

「今後你們四十名業務員要勇敢地向市場佔有率九十%挑戰。關於達成目標的手段和方法，請各位儘量提出來。」

我問他們有無意見，他們竟回答：「沒有考慮過這個問題，所以，想不出好的方法，我們只要遵從顧問先生的指導就行了！」我只好指示他們以下十個遵循的項目：

(1)要實際明確地去訪問調查負責地區中的每一戶數。

(2)要掌握老客戶。

負責地區的訪問日期和路線

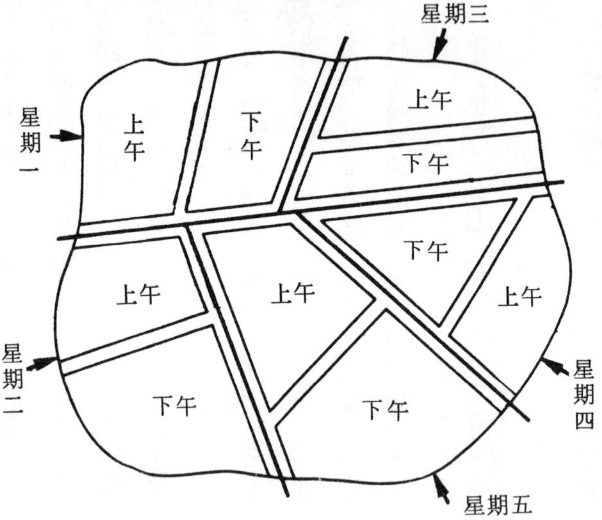

(3)要整理客戶卡和地圖。

(4)決定訪問的日期和訪問的路線（週一～週五）。

(5)決定每天出發的時間，並嚴守時間。

(6)有禮貌的打招呼：「早！我是K銀行分行的×××，感謝你平常的愛護……謝謝你接受我的訪問，再見！」

(7)嚴守標準的談話術，決定銷售的商品。前一～五次，只要作問候的訪問即可，第六次再向客戶推銷商品。

(8)熟習商品的知識，使用目錄推銷商品。

(9)若去拜訪客戶，對方剛好不在時，要記得把名片或目錄放在門口或信箱內，同時要寫上：「×

×先生，感謝你平日來的照顧，我今天是特地來拜訪你的，你剛好不在，待下個禮拜我再來拜訪。」等誠懇的留言。

⑽將負責地區細分爲十個小地區，依照訪問路線，重新訪問每個地區。

N先生說：「剛開始推銷時，常感不安和擔心，也非常辛苦。有一次，有位客人不客氣地對我說：『你不要再來打擾我了！』但後來卻出乎意料地，那位客人竟親自到銀行和我們交易。現在，我已熟悉負責地區裡的每個人，也常和他們聊天，我結婚時，他們還送來賀禮。」

推銷能達到這種程度，必能增加自信和樂趣。

4　要有計劃的、定期的、繼續的訪問——禁止「單竿釣魚式」的訪問

所謂交易，必須透過人和人互相見面、交談、溝通情感才能完成。在交易的過程中，推銷員和客戶會彼此記住對方的臉孔和名字，若是你能再繼續作定期、有計劃性的訪問，必能和客戶維繫良好的人際關係。

但一般推銷員大多在客戶已快忘記自己、等到自己有空或突然想起時，才會前去拜訪，這可謂「用一支釣竿釣大魚」。以這種方式去訪問客戶，較難掌握成果，達不到每天設定的目標。

各位都知道！城牆要用各式各樣的石頭，才能堆砌成堅固而又優美的形態。同樣地，推銷員

也要充分掌握各類的客戶，才能使銷售業績穩定，並繼續擴大交易的範圍。

當我擔任四十名業務員的指導顧問時，常需進行讓客戶認知：「K銀行的××先生，不管有沒有事情，每個禮拜三的下午都會來拜訪我。」的推銷活動。我相信只要這四十名業務員能腳踏實地在每星期作定期訪問，一定能很快地和人們建立深厚的感情，雖然得花費較多的工夫及時間，但絕對能得到回饋。

通常人們在忙碌的工作後，都想擁有一段輕鬆的時光。所以，我沒有將禮拜六排在預定圖表上，列屬他們自由活動的日子。前面圖表上不包含禮拜六的原因也在此。

不論做任何事情，如果沒有計劃，就無法成功；既然決定要做，就必須計劃性、定期、繼續的實行。

U先生回憶道：「我很榮幸當選模範業務員，也很高興能藉著推銷認識各階層的人。高中時代，我曾是學校的棒球選手，一畢業便進入銀行工作，當時，我才二十歲。我努力的目標就是去拜訪八百一十六家客戶，如果每個家庭都有兩人以上的成員，我至少就能拜訪一千六百位客戶。同時，也能向年輕或年長的客戶學習生活及工作上寶貴的知識；當然，偶爾也會受到客戶的鼓勵或指責。

例如有一次，我在訪問途中遇到傾盆大雨，便快步跑向停放機車的位置，卻發現已有人用塑膠布蓋住機車座位，那個人就是該住宅的主人。他見了我說：『人每天的情緒都不一樣，有時候，客戶會說一些苛責的話，你別在意！只要繼續訪問就行了！』我一直把這段話視爲座右銘。雖然推銷工作相當辛苦，但只要想起這段話，精神即能爲之一振。」除了脚踏實地去拜訪客戶，別無他法。

5 勿隨意放棄交易的機會——任何商品都無法輕鬆地銷售

推銷員必須認知「推銷無固定的法則」、「被拒絕才是推銷的出發點」兩點。當你辛勤去拜訪客戶，很可能自己尚未開口，對方即敷衍地說：「我們家用不著，請回吧！」硬被趕出來或吃閉門羹。這時，你可能心灰意冷，甚至掉眼淚，相信各位都有過這樣的經驗。

推銷原本就是容易被指責、被驅趕和被拒絕的工作，客戶的抵抗和拒絕，正足以證明推銷員存在的價值。

我常提醒這四十名業務員：「客戶絕不會主動要求交易，尤其是新客戶更會拒絕。這些抵抗無可避免，所以你們要有所認識，被拒絕才是推銷的出發點。」

或許有些推銷員會認爲銷售商品很簡單，其實不然。若是被客戶拒絕見面，必須一直訪問到能見對方爲止；此外，也可請人介紹或採用打電話、寫信的方式。待好不容易見到原來拒絕的客戶後，也不一定能立刻獲得滿意的答覆，他們多半會冷冷地回答：「NO！」

「到底應訪問幾次才可放棄？」四十名業務員問道。我回答：「在未得到對方同意之前絕不放棄！」例如你很有規律地每個禮拜定期訪問，自然會從「外面正在下雨，辛苦你了！努力吧！」關懷的語氣轉爲「我們已將資金存在固定的銀行，你來幾次都沒有用！」的口吻，接著又會轉爲「別再囉嗦！我已告訴你幾次了，滾吧！」的責罵。最後，則在大門貼上「敬告S銀行的業務員，請不要再來找我！」的字條。

這時，他們又問：「這樣還要訪問嗎？」我很肯定地說：「當然！推銷是以被拒絕爲出發點的！」

K先生回憶道：「認識O先生已近兩年，由於遵行他的指導，以往每天只能訪問三十家，現已增加數倍，我的推銷情況也完全改變。剛開始時，不論是在下雨、酷熱或寒冷的日子裡，我都會挨家挨戶地訪問，一段時間後，我負責地區的市場佔有率，便由三十三・三％爬升到八十％。因此，我更相信要說服中小企業金融機構交易，除挨家挨戶訪問外，別無他法。

雖然這種巡迴訪問活動比我想像的還要辛苦，但好幾次都能順利說服第一次交易的新客戶，所有的不快便煙消雲散。從這裡我才悟出：『推銷是以被拒絕爲出發點！』的道理；我永遠也不會忘記這次的經驗，今後我會更加的努力工作。」

6 以心和心溝通爲目標——推銷員愈益重要

通常推銷員最感到快樂的事，即經由「交易」的方式和客戶建立良好的人際關係，也就是促進彼此「心和心的溝通」。若客戶能對你產生「安全感和信賴感」的親密關係，你將更覺這份工作深具意義。

在現代社會中，每個人生活的步調都相當緊湊，往往只享受權利而不盡自己的義務；另外，爲了還債或儲蓄孩子的教育基金，大多數的女性已步入社會工作。大家皆爲自己的事情忙碌，久而久之，便不再那麼關懷、體貼他人。

現代人都在追求自己的理想，理想到底是什麼？卻沒有一定的答案，這個社會愈進步便利，雙方間的交易就愈機械化、統一化和冷漠了。原本推銷員應注視著對方說：「太太！歡迎光臨！我們這裡的蘿蔔既新鮮又便宜！」親切地交談。隨著時代不斷地演變，彼此的距離也愈拉愈遠；或許也因爲如此，才使大家更珍視「心和心的溝通」。

我們從時代的背景可以得知，今後的社會將更需要推銷人才；推銷員必備的能力，也必須由過去的「只銷售商品」，轉爲「獲得客戶的信賴，有事會和你商量」才行。

金融機構業務員的主要工作即「說服客戶存款，或貸款給客戶」。在這愈益自由化的社會，爲獲得客戶的資金，必須提供客戶有利的情報；不過，通常擁有雄厚資金的客戶，大多比銀行的業務員更知悉情報的來源，故交易並不容易。在目前遍喊「金融戰爭」的情況下，原本就具有實力的銀行會更強大，一般中、小金融企業機構則愈難生存，不僅金融機構如此，所有企業都一樣

。

不論時代如何的演變，唯有以親切熱誠爲客戶服務、獲得客戶信賴的推銷員，才能在競爭市場中致勝。

過去上班族或推銷員「工作輕鬆」的時代已成歷史，尤其是中小金融企業機構爲求繼續生存下去，必須採取「親近負責地區，增加客戶的戶數及口數」的策略。在炎熱、寒冷或下雨的天氣裡訪問的確非常辛苦，但卻能從實地的行動中體會出：「我們的任務是什麼？」「應作什麼？」現在的推銷員想要勸客戶存款，都應了解「待人誠懇、熱心工作」的重要性，也就是重視「人和人之間的溝通」。總之，推銷在今後的社會中將扮演更重要的角色，也更有意義。

7 不斷開拓新客戶——成果是以客戶數×客戶單價決定

通常在一年內，固定客戶約有四十%會自然消失掉，故需重新開拓新客戶，否則，營業額和成果便會急遽下降。

經營推銷業，不論是採取零售、批發或廠商訪問推銷的形態，都要應用：

「成果・營業額＝客戶數×客戶單價」

的公式，並加以牢記。若想使成果和營業額增加一倍，除增加一倍的客戶數或每個客戶的營業額外，別無其他的方法。

要增加客戶數，只有二種方法：

⑴善加珍視現在的客戶。

⑵增加新客戶，並且找尋更多可望成交的客戶。

要提高客戶的營業金額（每位客戶的平均營業額），必須採用深耕開拓的方法：

①提高每種商品的單價或銷售高額的商品。

②要推薦新商品或相關商品。

③攻掠競爭對象的市場。

公式 I

增加營業額的對策

銷售成果＝客戶數×客戶單價

客戶數增加或減少　以深耕開拓的方式說服老客戶購買新商品或相關商品

公式 II

推銷員的對策

銷售成果＝$\frac{\text{商談件數}}{\text{訪問戶數}}$×成交率×平均營業額

推銷員可遵行上圖來增加營業額。一般而言，愈高明的推銷員其交易率愈高，新進推銷員因經驗較少，故交易率也較低，上圖I、II的公式適合任何一種行業的推銷員。金融機構業務員銷售的目標，即增加存款金額與融資金額，以便賺取利率的差距，亦即「存款（資金）殘額．融資殘額＝客戶數×每位客戶數的殘額」，一般推銷的公式也是如此。

大多數的推銷員都想以最輕鬆的訪問方式，得到最有效的成果，儘量避免挨家挨戶去拜訪客戶。於是在訪問時，不是要求老客戶購買，就是想獲得大客戶，結果，客戶數反而愈來愈少。

E先生說：「我剛調職到新分行時，負責地區的交易戶數還不到五十家。起初，我以為要達到每月固定的營業目標很難；但持續作定期訪問的結果，卻獲得市場佔有率九十％的客戶數。從前，我只會去尋找大客戶，到現在才明白，除脚踏實地、挨家挨戶去拜訪，別無其他的方法。我要積極充實戰鬥的精神和行動力量，不斷地增加客戶數。」

記住！先決定採取何種方法增加營業額，再開始行動！

8　在負責地區確保五百個交易戶數——要增加一倍的訪問戶數

推銷員應在自己負責的地區裡，確保五百戶的老客戶和可望成交的客戶。當然，銷售的商品不同，戶數會稍有差異，但就一般的推銷業而言，要達到每月的營業目標，並保持不敗的業績，五百戶是不可或缺的數字。

以購買汽車為例，大部份客戶汰舊換新、購買新車的平均年數是七年。若以五百戶為銷售對象，每七年換一部新車來計算，500 ÷ 7＝71 部，每年可賣出七十一部，每月平均六部；但現有的客戶中，約三～四成的客戶將來會改買其他種類的汽車，因此不像上述計算這麼單純。

開拓的順序

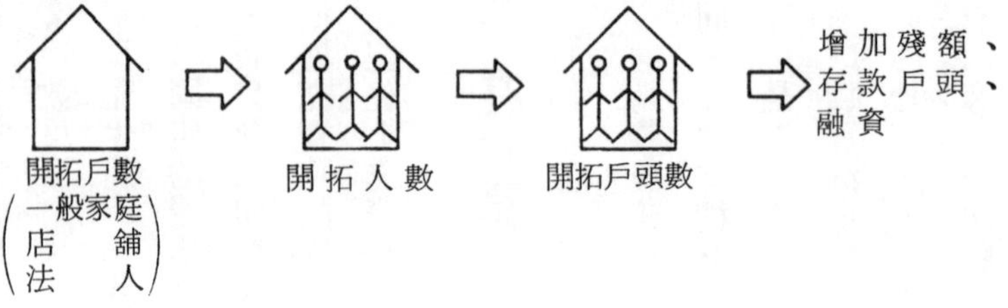

不論哪種行業，推銷員在自己負責的地區中，大多擁有特定但少數可望成交的客戶。如果認為每天能去拜訪或打電話連絡的客戶很有限，而上班或外出拜訪客戶的時間也常延遲，甚至也不去研究開發新客戶；即使有心改善現狀，若不採取行動，就會陷入惡性循環。

中小金融企業機構的業務員，在自己負責區域的交易數大約有五十戶，每天平均可訪問三十家左右，由於每家相隔遙遠無法逐一訪問，銷售的內容也多半是向客戶收款或送交款項，儼然是個「搬運金錢的人」，並未發揮推銷員的專業技能。我認識不少非金融企業的推銷員，他們同樣浪費太多的時間去辦理傳票、金融和交貨的手續，或只忙於處理客戶委託的事項，毫無計劃地來回奔波，最後還可能徒勞無功。

前面已強調好幾次，推銷員的工作是「找尋客戶」，要積極訪問更多的戶數，當面向客戶推銷商品才有希望成交。如果你不相信，只須統計一天或一個月的訪問戶數和面談件數便知。你希望成為連戰連勝的推銷員，就請以增加一倍的訪問戶數為目標開始吧！

T先生說：「我每天做近一百六十家的調查訪問，可說是向自我挑戰，在大熱天或寒冷的天氣，偶爾也會鬆散偷懶；但進行定期訪問半年後，我已能記清客戶的臉孔、名字，也能輕鬆的打招呼。未進行調查訪問前的市場佔有率不到二十%，一年後，已激增到八十二．五%。每到年底或會計年度末時，客戶常會主動告訴我：『T先生，我幫你達到營業目標好嗎？』所以，在負責地區中增加更多的客戶，是件非常重要的事！」

各位應不斷努力，達成負責地區中的交易戶數和可望成交客戶的目標！

9 勿忘記客戶，也別被客戶遺忘——成交後的連絡更重要

我常做工作上的自我檢討，並自問：「我是否忘記客戶或被客戶遺忘？」遺憾的是我並非作得很好。

一旦成交後，大多數推銷員便不再登門拜訪，也不再打電話詢問使用後有沒有問題等等。久而久之，客戶就會忘記推銷員，推銷員也會忘了客戶。這是由於推銷員沒有作客戶卡，也不知其重要性所致。

我的朋友K先生是位愛車之士，他每隔兩年就要買一部新車，現已擁有十二部，他從未向同一個推銷員買過二次車子。當K先生將車子送到保養廠檢查時，推銷員都會問：「董事長！開新車的滋味如何？」或「請你介紹新客戶！」等，但他們卻從不到K先生的公司或家中拜訪。

當客戶購買較高級或較昂貴的商品後，心裡常會有：「哎呀！買下這麼貴的東西，乾脆拿去

退換算了！」等懊悔的心態。假如推銷員在成交之後還能拜訪他：「你有沒有使用購買的商品？它的性能很好，請多加珍惜使用，它的維護方法就是……。」客戶的心情便會轉爲「幸好我有購買」的滿足感，同時，也會對推銷員產生良好的印象。

假如你實在很忙，無法定期作追踪服務，至少也要打電話給客戶：「前些日子眞謝謝你！你使用的情形如何？如果不理想隨時通知我來處理。」同時，也要作一份「客戶一覽表」，並隨身攜帶。客戶卡可依照姓名筆劃、地區或銷售日期來分類，最重要的是經常關心客戶，和客戶保持聯絡。

Y先生說：「我遵照O先生的指導，每個禮拜定期去拜訪客戶，但仍遭客戶拒絕，只好改找老客戶購買，才發現老客戶是多麼的珍貴；以前我總認爲：『這客戶交易金額太少，不要也罷！』於是，我繼續去訪問老客戶。一些我原本想放棄的客戶說：『Y先生！雖然我的存款不多，但仍請你幫我辦理存款！』所以，推銷員不僅要記得客戶，也要誠心地關懷客戶，對方才不會忘了你。往後我要更積極耐心地去拜訪客戶。」

大展出版社有限公司 圖書目錄

地址：台北市北投區(石牌)
致遠一路二段12巷1號
郵撥：0166955～1

電話：(02)28236031
28236033
傳真：(02)28272069

・法律專欄連載・電腦編號58

台大法學院 法律學系／策劃
法律服務社／編著

1. 別讓您的權利睡著了 1 200元
2. 別讓您的權利睡著了 2 200元

・秘傳占卜系列・電腦編號14

1. 手相術 淺野八郎著 180元
2. 人相術 淺野八郎著 150元
3. 西洋占星術 淺野八郎著 180元
4. 中國神奇占卜 淺野八郎著 150元
5. 夢判斷 淺野八郎著 150元
6. 前世、來世占卜 淺野八郎著 150元
7. 法國式血型學 淺野八郎著 150元
8. 靈感、符咒學 淺野八郎著 150元
9. 紙牌占卜學 淺野八郎著 150元
10. ESP超能力占卜 淺野八郎著 150元
11. 猶太數的秘術 淺野八郎著 150元
12. 新心理測驗 淺野八郎著 160元
13. 塔羅牌預言秘法 淺野八郎著 200元

・趣味心理講座・電腦編號15

1. 性格測驗① 探索男與女 淺野八郎著 140元
2. 性格測驗② 透視人心奧秘 淺野八郎著 140元
3. 性格測驗③ 發現陌生的自己 淺野八郎著 140元
4. 性格測驗④ 發現你的真面目 淺野八郎著 140元
5. 性格測驗⑤ 讓你們吃驚 淺野八郎著 140元
6. 性格測驗⑥ 洞穿心理盲點 淺野八郎著 140元
7. 性格測驗⑦ 探索對方心理 淺野八郎著 140元
8. 性格測驗⑧ 由吃認識自己 淺野八郎著 160元
9. 性格測驗⑨ 戀愛知多少 淺野八郎著 160元
10. 性格測驗⑩ 由裝扮瞭解人心 淺野八郎著 160元

國家圖書館出版品預行編目資料

訪問推銷術／黃靜香編著，－2版－臺北市，
大展，民87
面；　公分－（社會人智囊；41）

ISBN 957-557-829-5（平裝）
1.銷售
496.5　　　　　　　　　　　　　　87007033

ISBN 957-557-829-5

訪問推銷術

編著者／黃 靜 香
發行人／蔡 森 明
出版者／大展出版社有限公司
社　址／台北市北投區（石牌）致遠一路二段12巷1號
電　話／(02) 28236031・28236033
傳　眞／(02) 28272069
郵政劃撥／0166955－1
登記證／局版臺業字第2171號
承印者／國順圖書印刷公司
裝　訂／嶸興裝訂有限公司
排版者／千兵企業有限公司
電　話／(02) 28812643
初版1刷／1989年（民78年）12月
2版1刷／1998年（民87年）8月
版2刷／1998年（民87年）12月　　定　價／180元

大展好書 好書大展

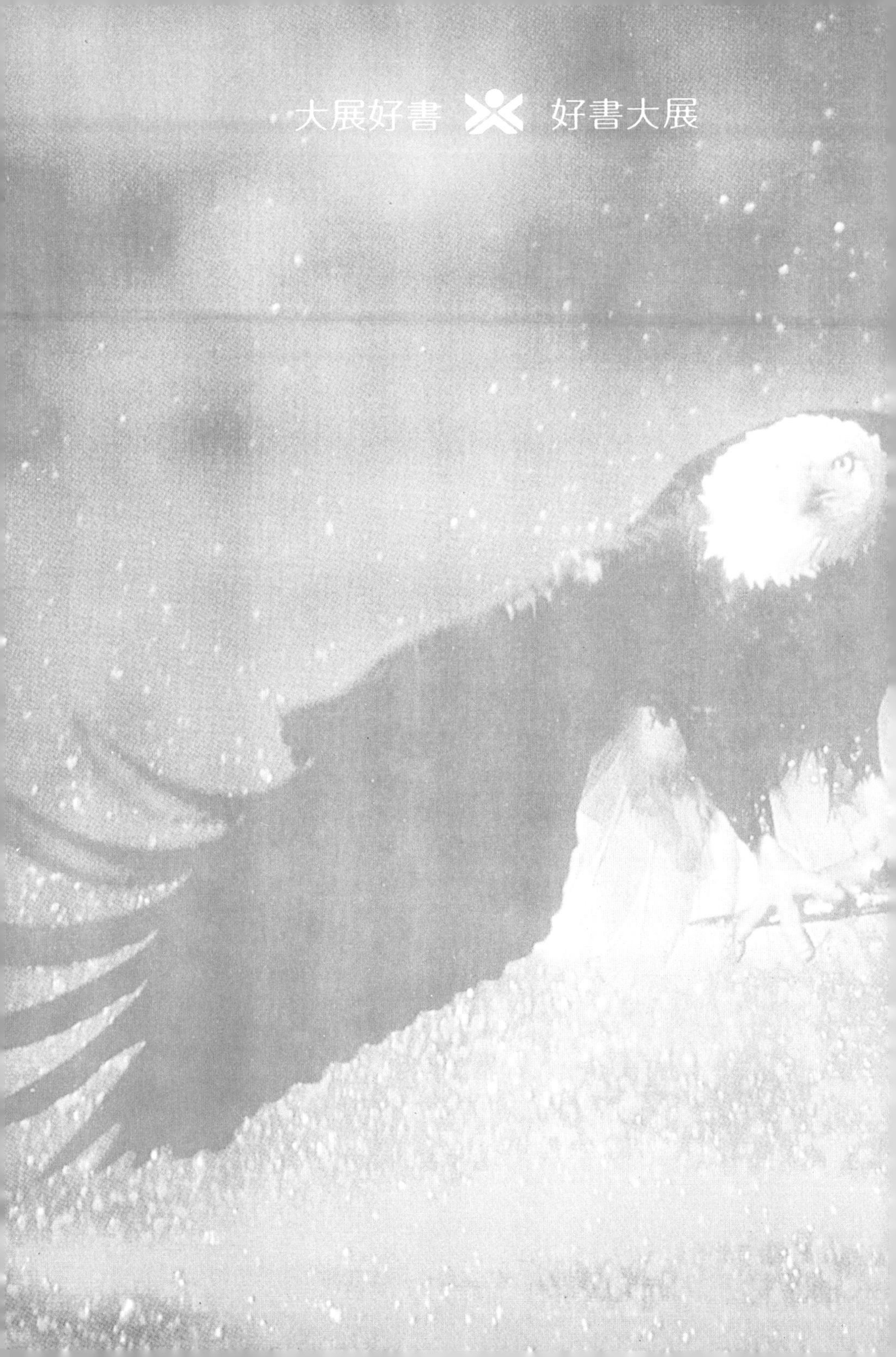
大展好書 好書大展